单相功率变换器直流侧
电容有源化技术研究

Research on DC-side Capacitance Activation
Technology of Single-phase Power Converter

朱国荣 著

科学出版社

北京

内 容 简 介

本书较为全面地介绍了单相功率变换器直流侧电容有源化涉及的内容，阐述了相关理论、模型和方法，并依托实际工程，对直流侧电容有源化问题进行了详细讨论。全书共5章，第1章概述直流侧电容现状以及问题；第2章建立多物理场模型，从电–热–磁三方面实现直流侧电容模组的优化设计；第3章阐述有源电容设计相关的基本理论，为电容在交/直流侧的有源化技术提供理论基础；第4章研究多种案例下有源电容的控制技术；第5章对比研究含无源和有源电容方案的电力电子变换器寿命预测和可靠性评估。

本书可供从事电力电子电能变换与控制技术研究与工程设计的人员参考，也可作为相关电力专业的高年级本科生和研究生的教材。

图书在版编目(CIP)数据

单相功率变换器直流侧电容有源化技术研究=Research on DC-side Capacitance Activation Technology of Single-phase Power Converter / 朱国荣著.—北京：科学出版社，2019.10

ISBN 978-7-03-062217-4

Ⅰ. ①单… Ⅱ. ①朱… Ⅲ. ①功率变换器–研究 Ⅳ. ①TM761

中国版本图书馆CIP数据核字(2019)第184038号

责任编辑：范运年 / 责任校对：王萌萌
责任印制：吴兆东 / 封面设计：蓝正设计

科 学 出 版 社 出版
北京东黄城根北街 16 号
邮政编码：100717
http://www.sciencep.com
北京建宏印刷有限公司 印刷
科学出版社发行 各地新华书店经销

*

2019 年 10 月第 一 版 开本：720 × 1000 1/16
2020 年 8 月第二次印刷 印张：12 1/4
字数：246 000

定价：118.00 元
(如有印装质量问题，我社负责调换)

序

    电力电子技术是电能变换的关键环节，随着其应用领域扩大，其可靠性问题受到更广泛的关注。电容是电力电子装置中故障率较高、寿命较低的元件之一，是提高可靠性的瓶颈。研究如何提高直流侧电容(又称 DC-Link 电容)的可靠性，对推动电力电子技术的发展具有重要意义。

    在功率变换器中输入和输出两侧，瞬时功率常常不相等，使中间直流侧含有脉动功率，因此需要通过设置电容缓冲不平衡的瞬时功率，实现输入输出功率的解耦。常规的无源功率解耦方案是在直流侧并联电解电容，但是电解电容本身可靠性和寿命较低。变换器直流侧电容的有源化设计是一种新的尝试，有源化设计是通过添加额外电路来消除或补偿纹波电流，达到功率解耦的目的，电路中只需使用低容值、高可靠性的薄膜电容、陶瓷电容或者电感，而不需要使用大容量的电解电容。

    朱国荣老师所带领的研究团队长期从事降低直流侧电容的各种新型电路和控制方案研究，近几年成果丰硕。研究团队所在的湖北省新能源动力电池工程技术研究中心和武汉理工大学电力电子技术研究所，拥有研究变换器直流侧电容有源化技术所需要的各种硬软件条件，具备很好的研究基础，积累了丰富的经验。研究团队也与工业界有密切的合作，与台湾冠坤电子、扬州凯普等企业合作，在直流侧电容的体积、可靠性、功率密度、散热设计等问题的研究和应用方面上取得了一系列的创新性成果。该书是朱国荣老师研究团队多年研究工作的总结，系统阐述了功率变换器直流侧电容有源化的相关理论和技术问题，并给出了一系列具有重要参考价值的实例。

    该书具有重要的学术和应用价值，对电力电子领域的学术研究、工程应用和人才培养都将起到重要作用。

2019 年 6 月 8 日

前　言

电力电子功率变换器中,交/直流侧的瞬时功率存在不平衡问题,解决方式包括无源和有源两种。为了抑制直流侧低频纹波电流,通常在直流侧并联大电解电容(无源),或者采用受控功率半导体开关器件构成的电路(有源),达到缓冲目的。

无源方式的可靠性受制于电容。若采用电解电容,由于长时间劣化会导致疲劳损耗,或者单一过应力导致失效,不适用于恶劣工作场合。若采用薄膜或陶瓷电容替代电解电容,受到容值小、耐压低、体积大、价格高等诸多因素制约,实际应用中难以简单替代。为了克服无源方式在功率密度、重量、可靠性等方面的局限,近年来电容有源化技术的研究,受到广泛关注。

作者查阅国内外文献,对无源和有源方式进行了深入研究。从电容的工作机理、材料特性出发,对其进行可靠性、功率密度及模块化的优化设计,构建无源电容模组。通过分析和归纳无源电容的优缺点和适用条件,引出有源电容的产生机理和结构设计。围绕有源电容的电路结构和参数设计,研究复杂环境下交/直流侧有源电容的控制方法,并在多种案例下付诸实施。进一步通过可靠性评估手段,对有源方式中的关键器件和电路结构进行分析,基于概率模型对无源电容和有源电容的可靠性进行系统评估。

本书共分5章,主要内容如下。

第1章介绍直流侧并联电容的研究现状,对无源电容的集成化和可靠性问题进行了详细阐述,并介绍了脉动功率抑制的3种主要思路。

第2章基于无源电容的工作原理和理论计算,从体积、成本、等效串联电阻、可靠性等因素出发,建立多物理场模型,精确量化分析直流侧电容热失效、热应力可靠性和最小化寄生电感,在满足电特性要求的基础上,从电-热-磁三方面实现直流侧电容模组的优化设计,并以5.5kW单相逆变器为例,进行电容模组的优化设计和仿真实现。

第3章阐述有源电容设计相关的基本理论,主要包括二倍频纹波的产生机理、流通路径以及有源电容的电路结构。通过建立有源电容的小信号分析模型,完成器件应力、参数设计和损耗计算,为电容在交/直流侧的有源化提供理论基础。

第4章研究多种案例下有源电容的控制技术。针对交流侧已经存在的差分电容电路结构,提出波形控制方法,对其进行稳态和暂态分析,直接在交流侧抑制低频纹波,并通过实验对其验证。通过在直流侧增加DC-DC变换电路,将基于波形控制方法的低频纹波抑制扩展到直流侧。为了适应负载的变化,采用双闭环控制结构，无需额外传感器即可实现对电流纹波的抑制，增强了功率变换器的系统鲁棒性。

第 5 章分析不同电路拓扑中器件的电应力，计算各器件损耗。选取器件的热模型，在器件损耗的基础上得到器件的热应力。建立器件的热失效寿命模型，实现器件级的寿命预测和可靠性评估。综合各器件对系统可靠性的影响，得到系统级的寿命预测和可靠性评估结果。对比无源和有源电容方案的可靠性评估结果发现，在大功率、长使用年限的情况下，有源电容优势明显。但是对于超大功率而言，有源电容尚缺乏对应的实现方案。

本书涉及的方法先后受到国家自然科学基金青年项目(燃料电池供电系统低频电流纹波抑制技术研究，51107092)和面上项目(高性能功率变换器 DC-Link 电容模组关键技术研究，51777146)资助。涉及的案例都在作者团队的研究工作中得以验证，并已经在一些工程项目中得到应用。

本书撰写过程中，得到了丹麦奥尔堡大学王怀老师和王浩然博士的大力帮助，瞿理子、聂力、孟浩、黄世丽、戚明轩、杨明、李存中、孔哲、杨胜杰、连宇成、翁夏清等同学参与了后期的文字排版，在此一并表示感谢。

由于水平所限，本书撰写上的脉络安排和文字梳理，尚存在不尽如人意的地方，其他疏漏亦在所难免，恳请读者不吝指教。

作者联系方式：zhgr_55@whut.edu.cn。

作 者

2019 年 6 月 8 日

于湖北武汉

目　　录

第1章 概　　论

1.1　直流侧电容的应用现状

1.1.1　电容的集成化难题

近年来，"节能减排""开发绿色新能源"已成为我国长期发展的基本国策。在我国绿色能源产业发展的推动下，作为电能变换的关键环节——电力电子技术已迅速发展成为建设节约型社会、促进国民经济发展、践行创新驱动发展战略的重要支撑技术之一[1]。

目前，高性能功率变换器系统的发展趋势和要求是体积小、重量轻、效率高、成本低及可靠性高[2]，如图 1.1 所示[3]，其对电力电子变换器中体积大、可靠性低的直流侧电容提出了高性能的需求。

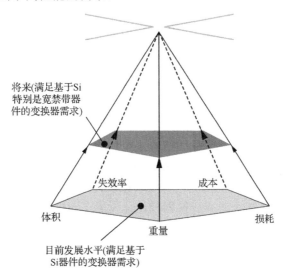

图 1.1　直流侧电容主要性能指标的未来改善方向

功率变换器的高频化技术可使变换器体积小、重量轻及结构紧凑，是实现高性能功率变换器的有力手段。电力电子电路中的电感等磁性元件的体积随着开关工作频率的提高而显著减小，而电容(特别是直流侧电容)的体积减小不甚明显。如图 1.2 为 20W 开关电源实物图，基于 Si 器件的电源中，直流侧电容大约占电路总体积的 20%；基于宽禁带 GaN 器件的电源中，直流侧电容(包含为了减小电解电容的有源电路)是电路中体积最大的元器件,大约占电路总体积的30%。从图1.2中可以看出,直流侧电容是提高开关电源功率密度的主要障碍之一[4],在宽禁带开关电源中尤为突出。因此,开展直流侧电容材料特性和工作机理研究,分析影响其体积的各因素,探讨提高功率密度的直流侧电容设计方法,对推动高性能功率变换器技术的发展特别是对体积有严格要求的领域发展具有重要的意义。

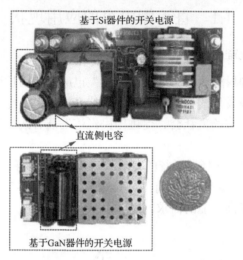

图 1.2 基于 Si 和 GaN 器件的 20W 开关电源比较实物图

功率变换器的模块化发展利于使其结构紧凑、体积减小、加工方便,更利于缩短互连导线、减小寄生参数,是实现高性能功率变换器的又一有力方法。电力电子电路的模块化对直流侧电容提出了模块化发展的需求和挑战。直流侧电容模块内部布局布线不合理,将导致线路寄生电感增大,增大直流侧电容及开关管的电压尖峰,增大元器件电压应力,降低电容和开关管可靠性,甚至导致装置故障[5,6]。因此,有必要开展直流侧电容模块化研究,深入探讨减少直流侧电容模组寄生参数的方法,以利于功率变换器模块化发展,对电力电子技术特别是宽禁带电力电子变换技术发展具有重要意义。

1.1.2 电容的可靠性问题

功率变换器系统中直流侧电容的主要作用包括[7]:①缓冲变换器交直流侧瞬时功率不平衡的平波功能;②滤除开关频率及其边带频率成分的滤波功能;③滤除逆变器阻感、阻容或者非线性负载带来的谐波电流滤波功能;④负载突变提供能量的支撑作用。除了能量支撑作用以外的三种功能都将带来直流侧电容可靠性问题。根据不完全统计,由直流侧电容故障引起整个电力电子变换器故障的比例高达30%;同时,随着功率变换器在新能源领域中应用环境更加复杂和恶劣,直流侧电容的故障会直接带来逆变器的停运,造成新能源利用率降低,带来巨大经济损失。据文献[8]统计结果显示，五年内，一个 3.5MW 的光伏发电系统中，逆变器的失效故障导致了 37%的额外系统维护和 59%的附加投资。尽管应用在各工业领域的变换器系统中各组件的失效率有所差别，但有一个共识就是，直流侧电容是单相变换器中最薄弱的环节之一[9]。直流侧电容作为最脆弱的元件之一，其失效机理需要更加具体和精确，可靠性需进一步提高。从提高直流侧电容可靠性出发，面向功率变换器的功率解耦方法有待于进一步探索。

1. 直流侧电解电容可靠性

相对于其他电容，电解电容具有单位体积容量更大、更高的电容值、单位净电容的价格更便宜，在正常使用时电容有自身修复性、故障状态大部分是开路故障、不易出现短路故障等优点，在传统的变换器系统中，电解电容被广泛应用于直流侧缓冲能量，平衡交流侧与直流侧不一致的瞬时功率。然而，相对于其他介质的电容器，电解电容其自身寿命较低，而且电解电容的等效串联电阻(equivalent series resistance，ESR)显得太大，当电容量降为初始值的 60%时，一般视为电容寿命终止[10-12]。同时，电解电容内部等效串联电阻也随温度及频率变化波动较大，对系统效率及稳定可靠性造成严重影响，故直流侧电容可靠性问题已经成为了制约功率变换器发展的一大因素[13-15]。

2. 直流侧薄膜电容可靠性

自 20 世纪末 80 年代开始，薄膜电容制造工艺金属化膜及膜上分割技术得到了长足的发展，这使薄膜电容的体积和重量是原来的 1/4～1/3。相对于电解电容，薄膜电容有寿命长、耐压高、电流承受能力强、能承受反压、无酸污染并且可长时间存贮等诸多优点，因此，薄膜电容在功率变换器领域有逐渐取代电解电容趋势。但是，这种取代并非在所有场合都能适用，在高湿度的环境中，由于空气中水蒸气会加速金属膜的老化过程，薄膜电容的周期寿命表现则不尽人意。在测试环境温度为 85℃，湿度为 85%RH(relative humidity)的条件下，薄膜电容的平均寿命只有 2000h[16]，而电解电容的平均寿命则可达到 4000h 以上。并且，薄膜电容的制造工艺虽有了长足的进步，但相对于电解电容来说，相同体积下薄膜电容的电容量值仍然较低，在需要电容量较大的场合仍旧不适用。同时，在对可靠性要求不高的商业产品当中，使用薄膜电容的成本远远高于电解电容。

1.2 去电解电容技术：脉动功率抑制

从现有电容寿命模型可以看出，电容寿命主要受电压应力和温度的影响。对于直流侧电容，电压应力由电路工作条件决定，直流侧电容纹波电流流过电容等效串联电阻时造成的热是导致直流侧电容可靠性问题的重要原因。针对不同的负载类型，流过直流侧电容纹波电流的大小和频率不同：文献[17]和[18]对单相变换器中直流侧电流进行分析，得到直流侧电容的电流含有二倍工频分量和在载波频率整数倍及其边带的高频电流分量；文献[19]对单相逆变器不同负载情况下直流侧电流进行分析，得到直流侧电容的电流含有二倍工频分量、在载波频率整数倍及其边带的高频电流分量和不同负载带来的谐波分量。

若能抑制变换器直流侧的脉动功率，消减流过直流侧电容的低频纹波电流，那么变换器直流侧电容的可靠性就能得到提高，其容值也能得到大幅度消减。近年来，针对控制单相变换器中直流侧与交流侧功率解耦的方法，国内外学者已经展开了大量的研究工作，这些方案可以从能量补偿的角度分为三种类型：①脉动功率的减弱；②脉动功率的转移；③脉动功率的补偿。如图 1.3 所示为单相变换器脉动功率流通路径示意图。

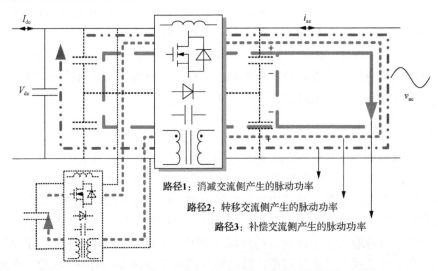

图 1.3 中，V_{dc} 为变换器直流侧电压，I_{dc} 为流过直流侧的电流，i_{ac} 为流过交流侧的电流，v_{ac} 为交流侧电压。

图 1.3 单相变换器脉动功率流通路径示意图

图 1.3 中路径 1，脉动功率减弱方法是不添加硬件，通过调整系统控制策略，改变交流侧电流波形或者直流侧电压波形，实现直流侧电容减小目的。由能量守恒定理换一种思路，若不添加额外的储能装置或系统来平衡脉动功率，而是把脉动功率转移到不在变换器输入、输出端口的储能元件中（电感、电容），这样仍可以平衡变换器系统交直流侧不一致的脉动功率，而不影响变换器的直流侧端口。根据转移脉动功率储能元件的位置，大致可以分为两类：储能元件在变换器直流侧，实现脉动功率转移（图 1.3 中路径 2）；储能元件在变换器交流侧，实现脉动功

率补偿(图 1.3 中路径 3)。

1.2.1　脉动功率减弱

为消减对直流侧造成负面影响的脉动功率,文献[20]~[24]提出,在整流系统中可以通过主动注入谐波的方式改变交流侧瞬时功率,从而直接减小系统交流侧脉动功率的大小。单相整流系统未注入谐波时脉动功率流通路径如图 1.4 所示,直流输出功率等于交流输入功率。

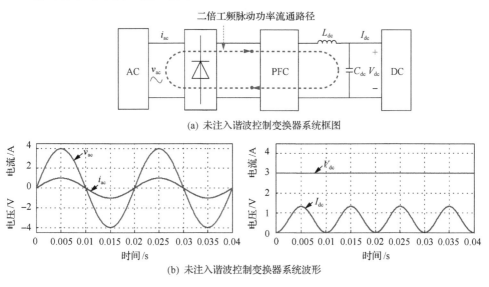

(a) 未注入谐波控制变换器系统框图

(b) 未注入谐波控制变换器系统波形

图 1.4　未注入谐波的单相整流系统

图 1.4 中,L_{dc} 与 C_{dc} 分别为输出滤波电感和滤波电容,v_{ac} 和 i_{ac} 分别为单相整流系统的输入电压和输入电流,V_{dc} 和 I_{dc} 分别为单相整流系统的输出电压和输出电流,PFC(power factor corrector)为单相功率因数校正器。

若在交流侧输入电流中注入三次、五次等谐波,通过改变流入电流的瞬时值的方式来改变交流侧瞬时功率,消减交流二倍脉动功率的波峰,从而减少交流侧脉动功率幅值的大小,达到消减传播到直流侧脉动功率值的效果,如图 1.5 所示[25]。

从图 1.5 可以看出,通过改变交流侧电流波形,可以达到降低直流侧电流峰值的效果。也就是说,在交流侧注入谐波的方法通常能够有效地消减直流侧脉动功率值,降低直流侧电容容值需求。这种方法不需要添加硬件,修改控制策略即可以实现直流侧电容减小的目的,易于实现。然而,该方法是以牺牲整流系统的功率因数为代价,来抑制直流侧引入的二倍脉动功率;而且,仅针对抑制二倍脉动功率,无法对直流侧其他频率的谐波成分进行补偿。一般只适用于对电压、电流波形要求不高的整流系统。

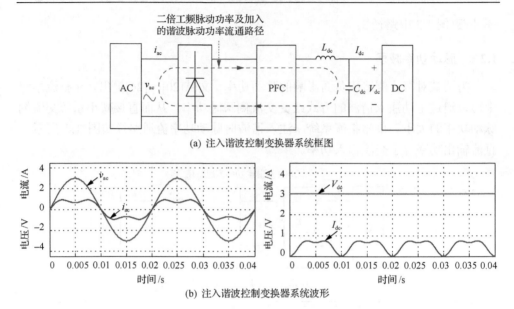

(a) 注入谐波控制变换器系统框图

(b) 注入谐波控制变换器系统波形

图 1.5　注入谐波的单相整流系统

如在有两级变换器的逆变系统中，前级 DC/DC 变换器采用有源控制技术[26-28]。该方法基于由电容级联两级变换器的拓扑结构，其二倍脉动功率流通示意图如图 1.6 所示，其中，C_{dc} 为直流侧电容，v_{Cdc} 为 C_{dc} 的电压。图 1.6(a) 和 (b) 中虚线分别为未使用有源控制和使用有源控制的系统二倍工频脉动功率流通路径。由所示的脉动功率流通示意图可以看出，两级变换器中间级采用有源控制方法后，系统交流侧产生的各种频率的脉动功率直接由中间级的电容补偿，直流侧不再会引入低频纹波电流。这种方法通过控制电容电压呈直流偏置加多次脉动的形式来平衡脉动功率，达到减小电容的目的，可以使用较小的电解电容或薄膜电容作为中间级电容。然而，通过这种方法控制，中间级电容电压波动较大，DC/DC 变换器电流环的带宽窄，一般控制在二倍工频的频率以下；而且 DC/AC 变换器动态响应特性差，无法应对负载突变的情况[29]。

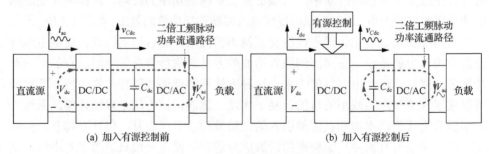

(a) 加入有源控制前　　　　　　　　　　　　　(b) 加入有源控制后

图 1.6　DC/DC 变换器有源控制技术

1.2.2 脉动功率转移

根据能量守恒定律："能量既不会凭空产生，也不会凭空消失"。文献[30]提出在直流侧母线上并联或串联以电容储能的模块，通过控制模块内部的开关器件，可以调节并联模块中电容上的瞬时功率，通过转移变换器交流侧产生的脉动功率至模块储能电容上，达到系统交/直流侧功率解耦的目的。这类方法可以有效地降低及消除影响变换器直流端口的脉动功率，降低直流侧电容容值需求，且其不对系统自身性能造成影响。

在单相变换器系统直流侧加入含电容(图 1.7)或电感(图 1.8)的功率转移模块，实现脉动功率转移。其中，L_{ac} 和 C_{ac} 分别为交流侧电感和电容。若期望变换器中交流侧的脉动功率不由变换器系统提供，在变换器直流侧引入额外添加的储能装置或系统，将原变换器交流侧产生的低频脉动功率转移出变换器，此时系统二倍工频脉动功率流通示意图如图 1.7 和图 1.8 所示的虚线框所示，其中，图 1.7 中 C 为储能装置中的储能电容，图 1.8 中 L 为有源电路中的滤波电感。通过控制额外添加的有源滤波装置内部开关器件，实现变换器系统交流侧二倍工频脉动功率由额外添加的有源滤波装置提供，直流平均功率由系统直流源提供，消除了脉动功率对变换器系统直流侧的干扰。

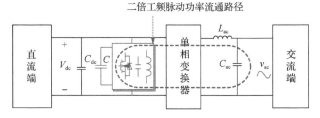

图 1.7　直流侧加入电容储能模块抑制脉动功率

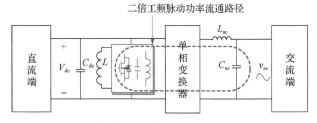

图 1.8　直流侧加入电感储能模块抑制脉动功率

在变换器直流侧添加滤波电路，将脉动功率转移至滤波电路的电容/电感上，从而平衡交流侧的瞬时二倍脉动功率，实现变换器功率解耦，消减直流侧电容。虽然，电感在耐用性、寿命周期及可靠性方面都要优于电容器件，但它自身存在磁损和铁损两方面的功率损耗，有功率损耗大、功率密度低等诸多不足之处，故国内学者的研究重点依然在利用电容储能平衡脉动功率,实现功率解耦。

1.2.3　脉动功率补偿

　　传统针对交流侧无功功率及谐波功率的补偿,可采用在交流侧并联、串联有源滤波装置,通过有源滤波装置补偿交流侧无功功率及谐波功率。研究者针对交流侧二次脉动功率,进行脉动功率交流侧补偿方式。如图 1.9 所示,储能元件在变换器交流侧:在差分逆变器中使用波形控制方法的控制策略中[31-33],差分逆变器二倍脉动功率流通路径虚线所示,图中 C_1 和 C_2 为差分交流电容,v_{C1} 和 v_{C2} 分别为 C_1 和 C_2 的电压。波形控制方法通过控制输出侧两只电容上的电压波形,使交流侧所需的脉动功率由两只电容来补偿,实现交直流功率解耦。此时,二倍工频纹波电流不再流过直流侧,达到消除直流侧脉动功率的效果。该方法可以消减直流侧电容,然而,该方法过分依赖于交流侧差分式拓扑结构[34]。

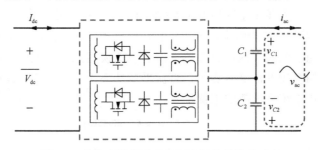

图 1.9　差分变换器波形控制方法补偿脉动功率

　　如图 1.10 所示,分裂变换器交流侧的 LC 滤波电路参数,使一般变换器交流侧滤波电容为电容串联的形式,达成变换器输出为电容电压差分的拓扑结构。其中,L_1 和 C_1、L_2 和 C_2 分别为滤波电感和滤波电容的分裂[35,36]。通过控制串联电容的中点电压,改变电容的电压波形,从而改变电容的瞬时功率。通过不同的波形控制方法,交流侧的脉动功率由两只交流电容补偿,实现变换器的功率解耦,消减直流侧电容。该方法可以看作解耦电容并联在交流侧的方法[37,38]。

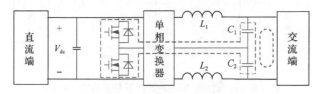

图 1.10　并联解耦电容在交流侧补偿脉动功率

　　另外一种思路则是解耦电容串联至交流侧,图 1.11 为串联解耦电容在交流侧补偿脉动功率示意图。其中,C_{ac} 为交流侧滤波电容。在该方法中,添加的解耦电容 C 一端连接新添加桥臂的中点,另一端连接交流源,通过桥臂控制解耦电容上功率，脉动功率由电容直接补偿，实现功率解耦[39,40]。

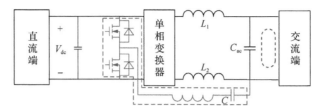

图 1.11　串联解耦电容在交流侧补偿脉动功率

这类交流侧补偿脉动功率方法，系统无需并联大容量电容进行功率解耦，即可达到消减直流侧电容的目的[41]。

参 考 文 献

[1] 电力电子网. 电力电子器件产业发展蓝皮书(2016—2020 年)[R]. http://www.cena.com.cn/semi/20170111/84249.html, 2017.

[2] Blaabjerg F, Consoli A, Ferreira J A. The future of electronic power Processing and conversion[J]. IEEE Transactions on Power Electronics, 2005, 20(3): 715-720.

[3] Kolar J W, Biela J, Waffler S, et al. Performance trends and limitations of power electronic systems[C]. 6th International Conference on Integrated Power Electronics Systems, Nuremberg, 2010: 1-20.

[4] Wang H, Liserre M, Blaabjerg F. Toward Reliable Power Electronics: Challenges, Design Tools, and Opportunities[J]. IEEE Industrial Electronics Magazine, 2013, 7(2): 17-36.

[5] Lazaro A, Barrado A, Pleite J, et al. Size and cost reduction of the storage capacitor in AC/DC converters under hold-up time requirements[C]. IEEE 34th Annual Power Electronics Specialist Conference, Acapulco, 2003: 1959-1964.

[6] Huang M, Wong S C, Tse C K, et al. Catastrophic Bifurcation in Three Phase Voltage Source Converters[J]. IEEE Transactions on Circuits and Systems, 2013, 60(4): 1062-1071.

[7] Wang H, Blaabjerg F. Reliability of capacitors for DC-Link applications in power electronic converters-an overview[J]. IEEE Transactions on Industry Applications, 2014, 50(5): 3569-3578.

[8] 比林斯 K. 开关电源的设计[M]. 北京: 电子工业出版社, 2012.

[9] Moore L M, Post H N. Five years of operating experience at a large, utility-scale photovoltaic generating plant[J]. Progress in Photovoltaics Research & Applications, 2008, 16(3): 249-259.

[10] Yang S, Bryant A, Mawby P, et al. An industry-based survey of reliability in power electronic converters[J]. IEEE Transaction on Industry Applications, 2009, 47(3): 3151-3157.

[11] Lahyani A, Venet P, Grellet G, et al. Failure prediction of electrolytic capacitors during operation of a switch mode power supply[J]. IEEE Transactions on Power Electronics, 1998, 13(6): 1199-1207.

[12] Braham A, Lahyani A, Venet P, et al. Recent developments in fault detection and power loss estimation of electrolytic capacitors[J]. IEEE Transactions on Power Electronics, 2010, 25(1): 33-43.

[13] 顾琳琳, 阮新波, 姚凯. 采用谐波电流注入法减小储能电容容值[J]. 电工技术学报, 2010, 25(5): 142-148.

[14] Winterborne D, Mingyao M, Haimeng W, et al. Capacitors for high temperature DC link applications in automotive traction drives: current technology and limitations[C]. Lille: 15th European Conference on Power Electronics and Applications (EPE), 2013: 1-7.

[15] Li Z, Li H, Lin F. Lifetime prediction models of pulsed capacitor based on capacitance loss[C]. Beijing: IEEE Transaction on Plasma Science, 2013, 41 (5): 1313-1318.

[16] Grimn W. Reliability of film capacitors. Presentation at the ECPE workshop on innovations in passive components for power electronics applications[R]. 2014.

[17] Gasperi M L. Life prediction modeling of bus capacitors in AC variable-frequency drives[J]. IEEE Transactions on Industry Applications. 2005, 41 (6): 1430-1435.

[18] Makdessi M, Sari A, Venet P. Health monitoring of DC link capacitors[J]. Chemical Engineering, 2013: 33.

[19] 裴雪军, 陈材, 康勇. 三相电压源逆变器直流侧支撑电容的电压脉动分析与设计[J]. 电工技术学报, 2014, 29 (3): 254-259.

[20] Renken F. The DC-link capacitor current in pulsed single-phase H-bridge inverters[J]. In Power.

[21] Wang S, Ruan X, Yao K, et al. A flicker-free electrolytic capacitor-less AC-DC LED driver[J]. IEEE Transactions on Power Electronics. 2012, 27 (22): 4540-4548.

[22] Wang B, Ruan X, Yao K, et al. A method of reducing the peak-to-average ratio of LED current for electrolytic capacitor-less AC-DC drivers[J]. IEEE Transactions on Power Electronics, 2010, 25 (3): 592-601.

[23] Gu L, Ruan X, Xu M, et al. Means of eliminating electrolytic capacitor in AC/DC power supplies for LED lightings[J]. IEEE Transactions on Power Electronics, 2009, 24 (5): 1399-1408.

[24] 贲洪奇, 王大庆, 孟涛. 基于辅助绕组的单级桥式 PFC 变换器纹波抑制策略[J]. 电工技术学报, 2013, 28 (4): 58-64.

[25] 倪建军, 张方华, 俞忆洁. 无电解电容的高功率因数 AC-DC LED 驱动器[J]. 电工技术学报, 2013, 12: 79-86.

[26] Liu X, Li H, Wang Z. A fuel cell power conditioning system with low-frequency ripple-free input current using a control-oriented power pulsation decoupling strategy[J]. IEEE Transactions on Power Electronics, 2014, 29 (1): 159-169.

[27] Liu C, Lai J S. Low frequency current ripple reduction technique with active control in a fuel cell power system with inverter load[J]. IEEE Transactions on Power Electronics, 2007, 22 (4): 1429-1436.

[28] 嵇保健, 王建华, 赵剑锋. 不隔离单相光伏并网逆变器系统输入电流低频纹波抑制[J]. 电工技术学报, 2013, 28 (6): 139-146.

[29] 刘斌, 贺建军, 粟梅. 两级式单相逆变输入端纹波电流双反馈抑制[J]. 电工技术学报, 2013, 28 (8): 187-193.

[30] 王勇, 谢小高. 燃料电池电力变换器的低频纹波电流抑制策略[J]. 电力系统自动化, 2008, 32 (23): 86-89.

[31] Wang R, Wang F, Boroyevich D, et al. A high power density single-phase PWM rectifier with active ripple energy storage. IEEE Transactions on Power Electronics[C]. Palm Springs: 2011, 26 (5): 1430-1443.

[32] Zhu G R, Tan S C, Chen Y, et al. Mitigation of low-frequency current ripple in fuel-cell inverter systems through waveform control[J]. IEEE Transactions on Power Electronics, 2013, 28 (2): 779-792.

[33] Wang H R, Zhu G R, Wang H, et al. Waveform control method for mitigating harmonics of inverter systems with nonlinear load[C]. Yokohama: IECON 41st Annual Conference of the IEEE Indusrtial Electronics Society, 2015.

[34] Wang H R, Zhu G R, Fu X B, et al. An AC side-active power decoupling modular for single phase power converter[C]. Montreal: IEEE Energy Conversion Congress and Exposition, 2015.

[35] Ma S Y, Wang H R, Zhu G R, et al. Lifetime estimation of DC-link capacitors in a single-phase converter with an integrated active power decoupling module[C]. Florence: IECON 42nd Annual Conference of the IEEE Indusrtial Electronics Society, 2016.

[36] Ma S Y, Wang H R, Zhu G R, et al. Power loss analysis and comparision of DC and AC side decoupling module in a h-bridge inverter[C]. Hefei: IEEE 8th International Power Electronics and Motion Control Conference, 2016.

[37] Tang J C J, Wang H R, Ma S Y, et al. Reliability evaluation of a single-phase h-bridge inverter with integrated active power decoupling[C]. Florence: IECON 42nd Annual Conference of the IEEE Indusrtial Electronics Society, 2016.

[38] Qi E J, Qi M X, Zeng D J, et al. System reliability evaluation considering parameter variations of a single-phase inverter with integrated active power decoupling[C]. Beijing: IECON 43rd Annual Conference of the IEEE Indusrtial Electronics Society, 2017.

[39] Zhu G R, Liu W X, Fu X B, et al. Neutral-point voltage waveform control method for mitigating the low- frequency ripple current in e-capless full-bridge inverter[C]. Shanghai: International Power Electronics and Application Conference and Exposition, 2014.

[40] Ma S Y, Wang H R, Liang B, et al. Design and research on power decoupling module in single-phase h-bridge inverter[C]. Wuhan: International Conference on Industrial Informatics-Computing Technology, Intelligent Technology, Industrial Information Integration, 2015.

[41] Tang J C J, Wang H R, Fu X B, et al. DC-side harmonic mitigation in single-phase bridge inverter[C]. Wuhan: International Conference on Industrial Informatics——Computing Technology, Intelligent Technology, Industrial Information Integration, 2015.

第 2 章　无源电容模组的优化设计

本章将从直流侧电容的材料特性和工作机理出发，针对其可靠性、功率密度以及模块化设计等进行深入研究，构建直流侧电容模组，优化直流侧电容模组的设计，以适应高速发展的功率器件和功率变换技术。高性能直流侧电容模组的选型与优化设计有助于推动高性能功率变换技术的发展，促进电力电子技术在国民经济的发展中做出更大贡献。

流过直流侧电容的电流含量丰富，电压纹波和尖峰受直流侧电容的电-热-磁相互影响而变化。需要对各类直流侧电容特性进行研究。通常直流侧电容主要有铝电解电容、陶瓷电容及薄膜电容三种类型，三种类型电容的耐电流纹波能力和电-热-磁特性主要由介电材料的性质决定。铝电解电容能量密度高和每焦耳成本低，但具有比较高的等效串联电阻、低耐纹波电流能力以及由于电解质蒸发的老化问题；陶瓷电容尺寸小、频率范围宽和工作温度高，然而它成本高和机械灵敏度高；薄膜电容在成本、等效串联电阻、容量、耐纹波电流能力以及电压应力等方面具有优势，但它有体积大和工作温度不太高等缺点，而且薄膜电容在潮湿环境下同样存在可靠性问题[1]。直流侧电容模组由一种或者多种电容混合构成，它可以充分利用不同种类电容的优点。直流侧电容模组中，有的采用薄膜电容代替电解电容来改善系统可靠性[2]，有的采用电解电容和薄膜电容并联[3]、电解电容和陶瓷并联电容[4,5]以便发挥各自优点。文献[1]～[5]针对直流侧电容模组的研究，定性地分析了各类型电容所构成电容模组的基本特性。

使用不同种类的电容进行串并联混合使用，使得各类电容之间取长补短，发挥各自的优点来构造各种直流侧电容模组方案。不同用户对直流侧电容模组方案提出了不同的性能需求：实验室需求功能最优；航空/航海领域追求体积最小和可靠性最高；通讯行业关注体积、效率和可靠性；家庭用户更在意成本；工业应用期望各方面适中等等，这就给高性能直流侧电容模组方案多目标优化提出了挑战[6]。

2.1　电容电流理论计算

2.1.1　二重傅里叶分析

由于电容损耗与不同频率下电容电流有效值和基于频率的等效串联电阻有关，所以需要分析电容电流频谱以得到精确化的电容损耗和寿命。在脉冲宽度调

制 (pulse width modulation，PWM) 中，输出电压、电流波形中不仅含有基波成分，同时存在大量谐波，其含量均随调制比和载波比的变化而改变。

二重傅里叶分析通常用来对 PWM 调制过程中的谐波进行分析，由于 PWM 调制过程中的频率包含基频和载波频率，所以基于这两种频率的傅里叶分析为二重傅里叶分析。早在 1975 年时，二重傅里叶分析被用在通信系统中，随后被广泛应用在变换器 PWM 调制分析中。这里利用二重傅里叶分析计算在自然采样三角载波 PWM 调制下的直流侧电容电流频谱[7]。

开关函数 $S_T(t)$ 用 1 和 0 表示开关状态，开关函数为 1 时表示开关导通，开关函数为 0 时表示开关关断。通用的开关函数二重傅里叶变换形式如式 (2.1) 所示，开关函数由直流部分、基频部分、载波部分和载波边带部分组成。其中，ω_0 表示 PWM 过程的输出基频，ω_c 为载波频率，系数 A_{mn} 和 B_{mn} 在特定调制策略和变换器拓扑下根据二重傅里叶积分得到，A_{0n} 和 B_{0n} 为系数，m 为载波的索引变量，n 为调制波、基带的索引变量。

载波的索引变量 m 和调制波、基带的索引变量 n 定义了相桥臂开关输出电压的各谐波分量的 (角) 频率为 $n\omega_0 + m\omega_c$。这意味着，例如，$m=2$ 和 $n=4$ 表示在第二载波谐波周围的谐波组中 (即第二载波的边带谐波组内) 的第四边带谐波。该边带谐波将会有 $(4\omega_0 + 2\omega_c)$ rad/s 的绝对频率。

当 $m=0$ 时，谐波频率将由 n 来规定，而 $n=0$ 时，谐波的频率将由 m 单独来规定，这就产生了特殊的谐波组。这些谐波组分别称之为基带和载波谐波分量。请注意，依照该定义开关波形的基波分量就是为第一基带谐波分量，尽管该基波分量常常被作为一个单独的分量来使用。

$$
\begin{aligned}
S_T(t) = &\frac{A_{00}}{2} + \sum_{n=1}^{\infty}[A_{0n}\cos(n\omega_0 t) + B_{0n}\cos(n\omega_0 t)] \\
&+ \sum_{m=1}^{\infty}\sum_{n=-\infty}^{\infty}[A_{mn}\cos(m\omega_c t + n\omega_0 t) + B_{mn}\cos(m\omega_c t + n\omega_0 t)]
\end{aligned}
\tag{2.1}
$$

式中，系数 A_{mn} 和 B_{mn} 分别为

$$
A_{mn} = \frac{1}{2\pi^2}\int_0^{2\pi}\int_0^{2\pi} S_T(t)\cos(m\omega_c t + n\omega_0 t)\mathrm{d}(\omega_0 t)\mathrm{d}(\omega_c t)
$$

$$
B_{mn} = \frac{1}{2\pi^2}\int_0^{2\pi}\int_0^{2\pi} S_T(t)\sin(m\omega_c t + n\omega_0 t)\mathrm{d}(\omega_0 t)\mathrm{d}(\omega_c t)
$$

或以复数的形式表达如下：

$$
C_{mn} = A_{mn} + \mathrm{j}B_{mn} = \frac{1}{2\pi^2}\int_0^{2\pi}\int_0^{2\pi} S_T(t)\mathrm{e}^{\mathrm{j}(m\omega_c t + n\omega_0 t)}\mathrm{d}(\omega_0 t)\mathrm{d}(\omega_c t)
\tag{2.2}
$$

对于某一相半桥电路，设这一相的输出电流为 $i_{\text{phase}}(t)$，在频域下这一相反映到直流侧电流的含量 $i_{\text{dc,phase}}(\omega)$ 为这一相的输出电流 $i_{\text{phase}}(\omega)$ 与此相上开关函数频域 $S_T(\omega)$ 的乘积，I_m 为这一相输出电流的最大值：

$$i_{\text{phase}}(t)=I_m \cos(\omega_0 t + \theta) \tag{2.3}$$

$$i_{\text{dc,phase}}(\omega)=S_T(\omega)i_{\text{phase}}(\omega)=\frac{I_m}{2}[\text{e}^{\text{j}\theta} S_T(\omega - \omega_0) + \text{e}^{\text{j}\theta} S_T(\omega + \omega_0)] \tag{2.4}$$

$i_{\text{dc,phase}}(\omega)$ 的时域形式为

$$
\begin{aligned}
i_{\text{dc,phase}}(t)=&\frac{\hat{A}_{00}}{2} + \sum_{n=1}^{\infty}[\hat{A}_{0n}\cos(n\omega_0 t)+\hat{B}_{0n}\cos(n\omega_0 t)]\\
&+\sum_{m=1}^{\infty}\sum_{n=-\infty}^{\infty}[\hat{A}_{mn}\cos(m\omega_c t + n\omega_0 t)+\hat{B}_{mn}\cos(m\omega_c t + n\omega_0 t)]
\end{aligned}
\tag{2.5}
$$

式中，系数为

$$
\begin{cases}
\hat{A}_{0n} = \dfrac{I_m}{2}(A_{01}\cos\theta+B_{01}\sin\theta)\\[2mm]
\hat{A}_{mn} = \dfrac{I_m}{2}[(A_{m,n-1}+A_{m,n+1})\cos\theta+(B_{m,n-1}+B_{m,n+1})\sin\theta]\\[2mm]
\hat{B}_{0n} = 0\\[2mm]
\hat{B}_{mn} = \dfrac{I_m}{2}[(B_{m,n-1}+B_{m,n+1})\cos\theta+(A_{m,n-1}+A_{m,n+1})\sin\theta]
\end{cases}
\tag{2.6}
$$

2.1.2 电流计算分析

图 2.1 所示为单相逆变器的示意图。

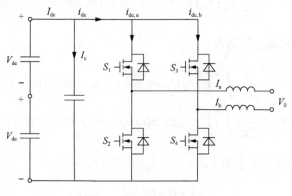

图 2.1 单相逆变器电路图

图 2.1 中，V_{dc} 为直流电压，I_{dc} 为直流侧电流，I_c 为流过电容的电流，i_{dc} 为流入开关管的电流总和，$i_{dc,a}$ 为开关管 S_1 和 S_4 导通时流过器件的电流，此时流过负载的电流为 $I_a(t)$，$i_{dc,b}$ 为开关管 S_2 和 S_3 导通时流过器件的电流，此时流过负载的电流为 $I_b(t)$，且 S_1 和 S_4 的开关函数为 S_{T1}，S_2 和 S_3 的开关函数为 S_{T3}。则逆变器中的电流可以表示为

$$
\begin{aligned}
i_{dc} &= i_{dc,a} + i_{dc,b} \\
i_{dc,a} &= S_{T1} I_a(t) \\
i_{dc,b} &= S_{T3} I_b(t)
\end{aligned}
\tag{2.7}
$$

式中

$$
\begin{aligned}
I_a &= I_{max} \cos(\omega_0 t) \\
I_b &= -I_{max} \cos(\omega_0 t)
\end{aligned}
\tag{2.8}
$$

则

$$
i_{dc} = I_{max} \cos(\omega_0 t)[S_{T1}(t) - S_{T3}(t)]
\tag{2.9}
$$

其中，I_{max} 为 I_a 和 I_b 的幅值。根据傅里叶变换理论，任何时变函数可以分解为谐波分量之和：

$$
f(t) = \frac{a_0}{2} + \sum_{m=1}^{\infty} [a_m \cos(m\omega t) + b_m \sin(m\omega t)]
\tag{2.10}
$$

式中

$$
\begin{aligned}
a_m &= \frac{1}{\pi} \int_{-\pi}^{\pi} f(t) \cos(m\omega t) \mathrm{d}\omega t, \qquad m = 0,1,2,\cdots \\
b_m &= \frac{1}{\pi} \int_{-\pi}^{\pi} f(t) \sin(m\omega t) \mathrm{d}\omega t, \qquad m = 0,1,2,\cdots
\end{aligned}
\tag{2.11}
$$

在调制过程中，假设存在两个时间变量 $x(t) = \omega_c t + \theta_c$ 和 $y(t) = \omega_0 t + \theta_0$；$\theta_c$、$\theta_0$ 分别为载波波形的任意相位偏移角和基波的任意相位偏移角。

而对于双变量的波形，可以得到一个二重傅里叶的展开式：

$$
\begin{aligned}
f(x,y) = & \frac{A_{00}}{2} + \sum_{n=1}^{\infty} [A_{0n} \cos(ny) + B_{0n} \sin(ny)] + \sum_{m=1}^{\infty} [A_{m0} \cos(mx) + B_{m0} \sin(mx)] \\
& + \sum_{m=1}^{\infty} \sum_{\substack{n=-\infty \\ (n \neq 0)}}^{\infty} [A_{mn} \cos(mx + ny) + B_{mn} \sin(mx + ny)]
\end{aligned}
\tag{2.12}
$$

用 $x(t) = \omega_c t + \theta_c$ 和 $y(t) = \omega_0 t + \theta_0$ 来替换 x、y，得到

$$f(x,y) = \frac{A_{00}}{2} + \sum_{n=1}^{\infty}[A_{0n}\cos n(\omega_0 t + \theta_0) + B_{0n}\sin n(\omega_0 t + \theta_0)]$$

$$+ \sum_{m=1}^{\infty}[A_{m0}\cos m(\omega_c t + \theta_c) + B_{m0}\sin m(\omega_c t + \theta_c)]$$

$$+ \sum_{m=1}^{\infty}\sum_{\substack{n=-\infty \\ (n\neq 0)}}^{\infty}\{A_{mn}\cos[m(\omega_c t + \theta_c) + n(\omega_0 t + \theta_0)] + B_{mn}\sin[m(\omega_c t + \theta_c) + n(\omega_0 t + \theta_0)]\}$$

$$(2.13)$$

式中，等式右边第一项为对应波形的直流偏置；第二项为基带谐波，其中，$n=1$ 表示基波分量，该成分对应所期望的基波输出波形，还包括了围绕在基波输出周围的低次谐波，这些低次谐波应该在调制的过程中尽量减小或者消去；第三项为载波谐波，它对应于较高频率的载波谐波，因为其最低的频率为高频载波的频率；第四项为边带谐波，是由调制载波谐波，加上与之相关的基带谐波的和与差形成的所有谐波集合而成，它成组的出现在载波频率的周围。例如，$m=2$ 和 $n=4$ 表示在第二载波谐波周围的第四边带谐波，该边带谐波将有 $2\omega_0 + 4\omega_c$ 的分量出现。其中

$$A_{mn} + jB_{mn} = \frac{1}{2\pi^2}\int_{-\pi}^{\pi}\int_{-\pi}^{\pi} f(x,y)e^{j(mx+ny)}\mathrm{d}x\mathrm{d}y \tag{2.14}$$

考虑双极性正弦脉冲宽度调制(sinusoidal pulse width modulation，SPWM)，如图 2.2 所示，V_{SM} 为三角载波 $f_S(t)$ 的幅值，V_{RM} 为正弦调制波 $f_R(t)$ 的幅值，V_{max} 为经过 SPWM 调制后的脉冲幅值，令调制比为 M，则 $M = \dfrac{V_{max}}{V_{dc}}$。

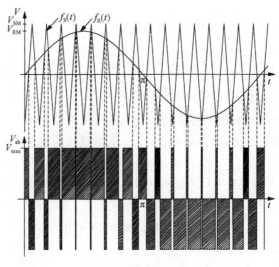

图 2.2　双极性 SPWM

当 $t < \dfrac{T}{2}$ 时，三角波的表达式为 $f_{S1}(t)$，当 $t > \dfrac{T}{2}$ 时，三角波的表达式为 $f_{S2}(t)$，它们分别为

$$f_{S1}(t) = \frac{2\omega_c t}{\pi} - 1, \qquad t < \frac{T}{2}$$
$$f_{S2}(t) = -\frac{2\omega_c t}{\pi} - 1, \qquad t > \frac{T}{2} \tag{2.15}$$

正弦波的函数表达式为

$$f_R(t) = M\cos(\omega_0 t) \tag{2.16}$$

式中，M 为正弦波函数的最大值。

而正弦波与三角波的交点(函数值相等)处对应着开关管的开关时刻，如图 2.2 所示。由于调制波和载波都为周期函数，因此，记交点的坐标为 (x,y)，则开关时刻可以表示如下。

当 $f(x,y)$ 从 0 变到 $2V_{dc}$，此时有

$$x = 2\pi p - \frac{\pi}{2}[1 + M\cos(\omega_0 t)], \qquad p = 0,1,2,\cdots \tag{2.17}$$

当 $f(x,y)$ 从 $2V_{dc}$ 变到 0，此时有

$$x = 2\pi p + \frac{\pi}{2}[1 + M\cos(\omega_0 t)], \qquad p = 0,1,2,\cdots \tag{2.18}$$

根据上述分析，可以得到双边沿三角波载波调制的单位元，如图 2.3 所示。其对应的解轨迹和 xy 平面上对应的 PWM 波形如图 2.4 所示。

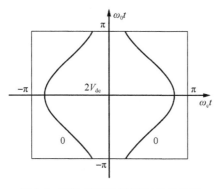

图 2.3　双边沿三角波调制的单位元

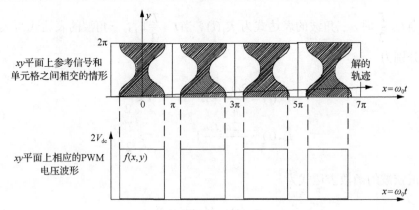

图 2.4　对应解的轨迹和 xy 平面上对应的 PWM 波形

根据上述分析，可以根据单位元的波形得到积分区间，所以傅里叶系数可以表示为

$$A_{mn} + \mathrm{j}B_{mn} = \frac{1}{2\pi^2} \int_{-\pi}^{\pi} \int_{-\frac{\pi}{2}(1+M\cos y)}^{\frac{\pi}{2}(1+M\cos y)} 2V_{\mathrm{dc}}\mathrm{e}^{\mathrm{j}(mx+ny)}\mathrm{d}x\mathrm{d}y \tag{2.19}$$

当 $m=n=0$ 时有

$$A_{00} + \mathrm{j}B_{00} = \frac{1}{2\pi^2} \int_{-\pi}^{\pi} \int_{-\frac{\pi}{2}(1+M\cos y)}^{\frac{\pi}{2}(1+M\cos y)} 2V_{\mathrm{dc}}\mathrm{d}x\mathrm{d}y = \frac{V_{\mathrm{dc}}}{\pi^2}\int_{-\pi}^{\pi}\pi(1+M\cos y)\mathrm{d}y = 2V_{\mathrm{dc}}$$

$$\tag{2.20}$$

得到 $A_{00} = 2V_{\mathrm{dc}}$, $B_{00} = 0$

当 $m=0$, $n>0$ 时有

$$A_{0n} + \mathrm{j}B_{0n} = \frac{1}{2\pi^2} \int_{-\pi}^{\pi} \int_{-\frac{\pi}{2}(1+M\cos y)}^{\frac{\pi}{2}(1+M\cos y)} 2V_{\mathrm{dc}}\mathrm{e}^{\mathrm{j}ny}\mathrm{d}x\mathrm{d}y = \frac{V_{\mathrm{dc}}}{\pi^2}\int_{-\pi}^{\pi}\pi\mathrm{e}^{\mathrm{j}ny}(1+M\cos y)\mathrm{d}y$$

$$\tag{2.21}$$

由欧拉公式

$$\mathrm{e}^{\mathrm{j}x} = \cos x + \mathrm{j}\sin x 、 \mathrm{e}^{-\mathrm{j}x} = \cos x - \mathrm{j}\sin x \tag{2.22}$$

可得

$$\cos x = \frac{\mathrm{e}^{\mathrm{j}x} + \mathrm{e}^{-\mathrm{j}x}}{2} 、 \sin x = \frac{\mathrm{e}^{\mathrm{j}x} - \mathrm{e}^{-\mathrm{j}x}}{2\mathrm{j}} \tag{2.23}$$

代入上式得

$$A_{0n} + jB_{0n} = \frac{V_{dc}}{\pi} \int_{-\pi}^{\pi} \left[e^{jny} + \frac{M}{2} \left(e^{j(n+1)y} + e^{j(n-1)y} \right) \right] dy \tag{2.24}$$

观察积分 $\int_{-\pi}^{\pi} e^{jny} dy = \frac{1}{jn} (e^{jn\pi} - e^{-jn\pi}) = \frac{2}{n} \sin n\pi = 0, n \neq 0$ ，该积分对于 n 不为 0

的项全为 0。所以，当且仅当 $n=1$ 时，式 (2.24) 为

$$A_{0n} + jB_{0n} = \frac{V_{dc}}{\pi} \int_{-\pi}^{\pi} \frac{M}{2} dy = MV_{dc}$$

即 $A_{0n} = MV_{dc}$，$B_{0n} = 0$。

当 $m>0$，$n=0$ 时有

$$
\begin{aligned}
A_{m0} + jB_{m0} &= \frac{1}{2\pi^2} \int_{-\pi}^{\pi} \int_{-\frac{\pi}{2}(1+M\cos y)}^{\frac{\pi}{2}(1+M\cos y)} 2V_{dc} e^{jmx} dx dy \\
&= \frac{V_{dc}}{jm\pi^2} \int_{-\pi}^{\pi} \left(e^{jm\frac{\pi}{2}(1+M\cos y)} - e^{-jm\frac{\pi}{2}(1+M\cos y)} \right) dy
\end{aligned}
\tag{2.25}
$$

由贝塞尔函数的积分关系式 $\int_{-\pi}^{\pi} e^{j\zeta\cos\theta} d\theta = 2\pi J_0(\zeta)$，可得

$$\int_{-\pi}^{\pi} e^{jm\cos yM} dy = 2\pi J_0 \left(m\frac{\pi}{2}M \right), \quad \int_{-\pi}^{\pi} e^{-jm\cos yM} dy = 2\pi J_0 \left(-m\frac{\pi}{2}M \right) \tag{2.26}$$

则

$$A_{m0} + jB_{m0} = \frac{V_{dc}}{jm\pi} \left[e^{jm\frac{\pi}{2}} J_0 \left(m\frac{\pi}{2}M \right) - e^{-jm\frac{\pi}{2}} J_0 \left(-m\frac{\pi}{2}M \right) \right] \tag{2.27}$$

由贝塞尔函数的性质 $J_0(-\zeta) = J_0(\zeta)$，可得

$$A_{m0} + jB_{m0} = \frac{V_{dc}}{jm\pi} J_0 \left(m\frac{\pi}{2}M \right) \left(e^{jm\frac{\pi}{2}} - e^{-jm\frac{\pi}{2}} \right) = \frac{2V_{dc}}{m\pi} J_0 \left(m\frac{\pi}{2}M \right) \sin \left(m\frac{\pi}{2} \right) \tag{2.28}$$

对于 $m > 0, n \neq 0$ 的项有

$$
\begin{aligned}
A_{mn} + jB_{mn} &= \frac{1}{2\pi^2} \int_{-\pi}^{\pi} \int_{-\frac{\pi}{2}(1+M\cos y)}^{\frac{\pi}{2}(1+M\cos y)} 2V_{dc} e^{j(mx+ny)} dx dy \\
&= \frac{V_{dc}}{jm\pi^2} \int_{-\pi}^{\pi} e^{jny} \left(e^{jm\frac{\pi}{2}(1+M\cos y)} - e^{-jm\frac{\pi}{2}(1+M\cos y)} \right) dy \\
&= \frac{V_{dc}}{jm\pi^2} \int_{-\pi}^{\pi} \left(e^{jm\frac{\pi}{2}} e^{jny} e^{jm\frac{\pi}{2}M\cos y} - e^{-jm\frac{\pi}{2}} e^{jny} e^{-jm\frac{\pi}{2}M\cos y} \right) dy
\end{aligned}
\tag{2.29}
$$

由贝塞尔函数的积分式 $\int_{-\pi}^{\pi} e^{\pm j\zeta \cos\theta} e^{jn\theta} d\theta = 2\pi j^{\pm n} J_n(\zeta)$ ，可得

$$\int_{-\pi}^{\pi} e^{jm\frac{\pi}{2}M\cos y} e^{jny} dy = 2\pi j^n J_n\left(m\frac{\pi}{2}M\right), \quad \int_{-\pi}^{\pi} e^{-jm\frac{\pi}{2}M\cos y} e^{jny} dy = 2\pi j^{-n} J_n\left(m\frac{\pi}{2}M\right)$$

(2.30)

$$\therefore A_{mn} + jB_{mn} = \frac{2V_{dc}}{jm\pi^2}\left[e^{jm\frac{\pi}{2}}j^n J_n\left(m\frac{\pi}{2}M\right) - e^{-jm\frac{\pi}{2}}j^{-n}J_n\left(m\frac{\pi}{2}M\right)\right]$$

$$= \frac{2V_{dc}}{jm\pi^2} J_n\left(m\frac{\pi}{2}M\right)\left(e^{jm\frac{\pi}{2}}e^{jn\frac{\pi}{2}} - e^{-jm\frac{\pi}{2}}e^{-jn\frac{\pi}{2}}\right)$$

(2.31)

化简得

$$A_{mn} + jB_{mn} = \frac{4V_{dc}}{m\pi} J_n\left(m\frac{\pi}{2}M\right)\sin\left[(m+n)\frac{\pi}{2}\right]$$

(2.32)

将系数 A_{00}、B_{00}、A_{01}、B_{01}、A_{m0}、B_{m0}、A_{mn}、B_{mn} 代入二重傅里叶表达式中，得到一相桥臂的电压为

$$V_{an}(t) = V_{dc} + V_{dc}M\cos(\omega_0 t + \theta_0) + \frac{4V_{dc}}{\pi}\sum_{m=1}^{\infty}\frac{1}{m}J_0\left(m\frac{\pi}{2}M\right)\sin\left(m\frac{\pi}{2}\right)\cos[m(\omega_c t + \theta_c)]$$

$$+ \frac{4V_{dc}}{\pi}\sum_{m=1}^{\infty}\sum_{\substack{n=-\infty \\ (n\neq 0)}}^{\infty}\frac{1}{m}J_0\left(m\frac{\pi}{2}M\right)\sin\left[(m+n)\frac{\pi}{2}\right]\cos[m(\omega_c t + \theta_c) + n(\omega_0 t + \theta_0)]$$

(2.33)

开关函数 $S_T(t)$ 用 1 和 0 表示开关状态，1 对应 $2V_{dc}$，表示开关导通，0 对应电压为 0，表示开关关断。因此，在单位元分析中，其被积函数由 $2V_{dc}$ 改为 1 则可以得到开关函数的二重傅里叶表达式为

$$S_{Ta}(t) = \frac{1}{2} + \frac{1}{2}M\cos(\omega_0 t + \theta_0)$$

$$+ \frac{2}{\pi}\sum_{m=1}^{\infty}\frac{1}{m}J_0\left(m\frac{\pi}{2}M\right)\sin\left(m\frac{\pi}{2}\right)\cos[m(\omega_c t + \theta_c)]$$

$$+ \frac{2}{\pi}\sum_{m=1}^{\infty}\sum_{\substack{n=-\infty \\ (n\neq 0)}}^{\infty}\frac{1}{m}J_0\left(m\frac{\pi}{2}M\right)\sin\left[(m+n)\frac{\pi}{2}\right]\cos[m(\omega_c t + \theta_c) + n(\omega_0 t + \theta_0)]$$

(2.34)

观察上式的等号右边，第四项中，若 n 可以为 0，则得到的表达式与第三项相等，因此，表达式可以化简为

$$S_{Ta}(t) = \frac{1}{2} + \frac{1}{2} M \cos(\omega_0 t + \theta_0)$$
$$+ \frac{2}{\pi} \sum_{m=1}^{\infty} \sum_{n=-\infty}^{\infty} \frac{1}{m} J_0\left(m\frac{\pi}{2}M\right) \sin\left[(m+n)\frac{\pi}{2}\right] \cos\left[m(\omega_c t + \theta_c) + n(\omega_0 t + \theta_0)\right]$$

$$(2.35)$$

由于 a 相桥臂的调制波形与 b 相桥臂的调制波形是相反的，为了使表达式简化，令 a 相的开关函数中 $\theta_0 = -\pi, \theta_c = -\pi$，b 相的开关函数中 $\theta_0 = -\pi, \theta_c = -\pi$。可以得到 b 相开关函数的二重傅里叶表达式为

$$S_{Tb}(t) = \frac{1}{2} + \frac{1}{2} M \cos(\omega_0 t - \pi)$$
$$+ \frac{2}{\pi} \sum_{m=1}^{\infty} \sum_{n=-\infty}^{\infty} \frac{1}{m} J_0\left(m\frac{\pi}{2}M\right) \sin\left[(m+n)\frac{\pi}{2}\right] \cos\left[m(\omega_c t - \pi) + n(\omega_0 t - \pi)\right]$$

$$(2.36)$$

根据前面的分析有 $i_{dc} = I_{max} \cos(\omega_0 t)[S_{T1}(t) - S_{T3}(t)]$，将 $S_{Ta}(t)$、$S_{Tb}(t)$ 代入得

$$i_{dc} = \frac{I_{max} V_{max}}{2V_{dc}} + \frac{I_{max} V_{max}}{2V_{dc}} \cos(2\omega_0 t)$$
$$+ I_{max} \cos(\omega_0 t) \frac{2}{\pi} \sum_{m=1}^{\infty} \sum_{n=-\infty}^{\infty} \frac{1}{m} J_n\left(m\frac{\pi}{2}M\right) \sin\left[(m+n)\frac{\pi}{2}\right]$$
$$\left[\cos(m\omega_c t + n\omega_0 t) - \cos(m\omega_c t + n\omega_0 t - (m+n)\pi)\right]$$

$$(2.37)$$

可以得到结论，直流侧电流中含有二倍基频的成分、边带频率成分及高频载波成分。

当 $m+n$ 为偶数时，$\sin\left[(m+n)\frac{\pi}{2}\right]$ 为 0，因此 $m+n$ 只能为奇数，式 (2.37) 可以化简为

$$i_{dc} = \frac{I_{max} V_{max}}{2V_{dc}} + \frac{I_{max} V_{max}}{2V_{dc}} \cos(2\omega_0 t)$$
$$+ I_{max} \frac{2}{\pi} \sum_{m=1}^{\infty} \sum_{n=-\infty}^{\infty} \frac{1}{m} J_n\left(m\frac{\pi}{2}M\right) \sin\left[(m+n)\frac{\pi}{2}\right] 2\cos(m\omega_c t + n\omega_0 t) \cos(\omega_0 t)$$

$$(2.38)$$

后面的式子由积化和差公式可以变为

$$i_{dc} = \frac{I_{max}V_{max}}{2V_{dc}} + \frac{I_{max}V_{max}}{2V_{dc}}\cos(2\omega_0 t)$$

$$+ I_{max}\frac{2}{\pi}\sum_{m=1}^{\infty}\sum_{n=-\infty}^{\infty}\frac{1}{m}J_n\left(m\frac{\pi}{2}M\right)\sin\left[(m+n)\frac{\pi}{2}\right] \quad (2.39)$$

$$\left\{\cos\left[m\omega_c t + (n+1)\omega_0 t\right] + \cos\left[m\omega_c t + (n-1)\omega_0 t\right]\right\}$$

2.2　电容模组多目标优化方法

优化的基本概念是在定义性能量度的一组备选方案中搜索最优的解决方案。由于主要性能指标之间存在着相互耦合的关系，如图 2.5 所示，增加半导体器件的开关频率，会减小无源器件的体积，降低它们的成本，但是同时也会增加系统的损耗。因此，要避免单一目标优化，应对系统的效率、体积及成本进行多目标优化。

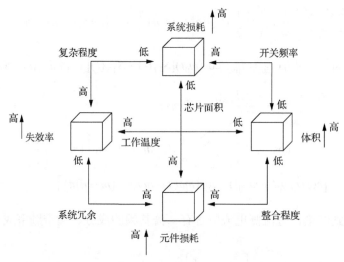

图 2.5　电力电子系统指标的关系

2.2.1　电容模组的性能建模

为了进行后面的优化设计，需要得到电容模组的体积、成本和损耗模型。首先构建电解电容和薄膜电容的数据库，包含电容的几何尺寸、不同温度下的等效串联电阻和纹波电流的最大值。此处选择电解电容为 TDK 公司的 B43630 系列，薄膜电容为 TDK 公司的 B32674 系列。它们的体积、成本和等效串联电阻模型分别如图 2.6～图 2.8 所示。图中点表示的是从数据手册中得到的原始数据，曲线表示的是经过拟合后得到的模型[9]。

1. 体积模型

电解电容和薄膜电容的体积由额定电压和容值决定。为了更加符合实际情况，电容的体积 Vol 按照长方体来计算。

$$\text{Vol} = k_{\text{Vol1}}CV^2 + k_{\text{Vol2}}CV + k_{\text{Vol3}}V + k_{\text{Vol4}} \tag{2.40}$$

式中，k_{Vol1}、k_{Vol2}、k_{Vol3}、k_{Vol4} 为体积模型中的拟合参数；C 为电容的容值；V 为电容的额定电压。

通过程序拟合的电解电容和薄膜电容体积模型如图 2.6 所示，它们的平均误差分别为 7.31%、5.77%。

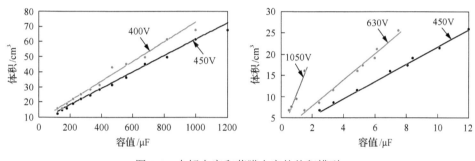

图 2.6　电解电容和薄膜电容的体积模型

2. 成本模型

电解电容和薄膜电容的成本由额定电压和容值决定

$$\text{Cost} = k_{\text{Cos1}}CV^2 + k_{\text{Cos2}}CV + k_{\text{Cos3}}V + k_{\text{Cos4}} \tag{2.41}$$

式中，k_{Cos1}、k_{Cos2}、k_{Cos3}、k_{Cos4} 为成本模型中的拟合参数。

通过程序拟合的电解电容和薄膜电容成本模型如图 2.7 所示。成本数据来源于 1000 的最小起订量，成本以美元计算，时间为 2018 年。电容成本模型的平均误差为 5.13%，薄膜电容成本的平均误差为 4.84%。

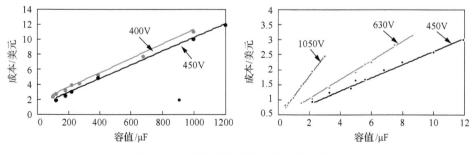

图 2.7　电解电容和薄膜电容的成本模型

3. 等效串联电阻模型

电解电容和薄膜电容的等效串联电阻 $\mathrm{ESR_{rated}}$ 由额定电压和容值决定。

$$\mathrm{ESR_{rated}} = (k_1 CV^2 + k_2 CV + k_3 C)^{k_4} \tag{2.42}$$

式中，k_1、k_2、k_3、k_4 为 ESR 模型中的拟合参数；下标 rated 表示电容的工作频率。通过程序拟合的电解电容和薄膜电容 ESR 模型如图 2.8 所示，它们的平均误差分别为 4.38%和 2.16%。

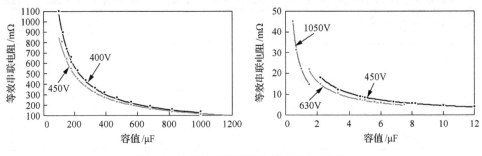

图 2.8　电解电容和薄膜电容的 ESR 模型

4. 可靠性模型

图 2.9 所示为电容等效电热模型，电容可以等效为电容元件、等效串联电阻和等效串联电感三部分的串联，其中等效串联电阻随电容电流的频率而变化，并且与电容的损耗有关。

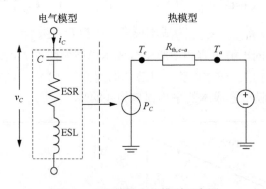

图 2.9　电容等效电热模型示意图

由于添加了功率解耦模块后，直流侧电容电流低频成分减少，所以对直流侧电容损耗进行精细化计算时，需要计及占主要成分的高频损耗。电容的损耗 P_C 为各频率下等效串联电阻与电容电流有效值平方的乘积累加。电容在各频率下等效串联电阻的阻值可以通过电容数据手册中等效串联电阻与电容电流频率的关系图得到。大多数情况下，电容数据手册会给出在 100Hz 下的电容损耗因素 DF。根据损耗因素 DF，可以得到电容在 100Hz 下的等效串联电阻 $\mathrm{ESR}_{100\mathrm{Hz}}$ 为 $\mathrm{ESR}_{100\mathrm{Hz}} = \mathrm{DF}/\omega C$。电容损耗可表示为

$$P_{\mathrm{C}} = \sum_f \mathrm{ESR}_f I^2_{\mathrm{C\_rms}(f)} \tag{2.43}$$

式中，$I_{\mathrm{C\_rms}(f)}$ 为流过电容 C 上电流的有效值。为了简化计算，电容损耗 P_{C} 可以表示为

$$P_{\mathrm{C}} = \mathrm{ESR}_{100\mathrm{Hz}} \sum_f k_f I^2_{\mathrm{C\_rms}(f)} \tag{2.44}$$

式中，k_f 为各频率下电容等效串联电阻 ESR_f 与 100Hz 下电容等效串联电阻 $\mathrm{ESR}_{100\mathrm{Hz}}$ 的比例系数

$$k_f = \frac{\mathrm{ESR}_f}{\mathrm{ESR}_{100\mathrm{Hz}}} \tag{2.45}$$

对于铝电解电容，当 $f > 10\mathrm{kHz}$ 时，$k_f = 0.45$。

电容的核温 T_{c} 可以通过电容核与环境之间的热阻 $R_{\mathrm{th},c-a}$ 得到，T_{a} 为环境温度。

$$T_{\mathrm{c}} = T_{\mathrm{a}} + P_{\mathrm{C}} R_{\mathrm{th},c-a} \tag{2.46}$$

电容的核温和工作电压对电解电容的寿命有很大影响。本书所用的电容寿命模型[10]为

$$L_{\mathrm{C}} = L_b \left(\frac{V_{C,\mathrm{rate}}}{V_{\mathrm{dc}}} \right)^n 2^{\frac{T_{C,\mathrm{rate}} - T_C}{10}} \tag{2.47}$$

式中，L_b 为电容在工作温度上限、额定电压和额定纹波的电流下的寿命；$V_{C,\mathrm{rate}}$ 为电容承受的额定电压；$T_{C,\mathrm{rate}}$ 为电容额定工作温度上限。对于指数 n，电解电容通常取 3～5，而薄膜电容通常取 7～9.4，针对本章所选取的电容，电解电容取 $n=3$，而薄膜电容取 $n=7$。

2.2.2　电容模组的电热磁仿真

直流侧电容模组的布局和互联技术对电容模组的性能有很大影响，在直流侧

电容工作时，电热应力与电磁场之间的相互影响制约着直流侧电容性能。电、热、磁三物理场相互耦合，相互影响。电场产生大量焦耳热使温度上升，而温变的材料属性改变电场；电容的布局布线改变电路寄生参数，影响电路系统的电磁兼容，进而影响电容和开关管的电应力。以上过程是一个非线性的耦合过程。直流侧电容模组内部布局布线不合理，将导致线路寄生电感增大，增大直流侧电容及开关管的电压尖峰，增大元器件电压应力、降低电容和开关管可靠性，甚至导致装置故障，或者导致电容模组中的部分电容核温过大，降低电容模组寿命，因此有必要针对直流侧电容模组进行电-热-磁物理机理研究，同时建立多物理场模型，精确量化分析直流侧电容热失效、热应力可靠性和最小化寄生电感等，指导直流侧电容在设计阶段满足电特性要求的基础上，构造考虑电-热-磁影响的直流侧电容模组方案。

电容模组的方案构造包括选取电容类型、数量、串并联等，电容模组布局走线及散热系统的设计。在完成电容参数选取及建立电容电-热-磁模型之后，结合电容数据库(包括电容值、电压应力、工作温度、耐纹波电流能力、等效串联电阻、等效串联电感等主要参数)构成直流侧电容模组组成(电容类型、数量及串并联结构)。电容模组能否满足散热和电磁兼容等要求，合理布局走线起到很重要的作用。如图 2.10 所示，当电流方向如图中所示，电容并列或者平行，磁场都有相互抵消，堆叠排列的两个电容磁场抵消更明显。

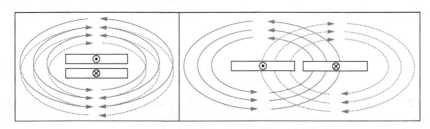

图 2.10　电容并列、平行结构磁场分布示意图

图 2.11 为多个电容串并联组合构成电容模组等效电路图，模组集成多个电容，实现模块化，只有两个端子与外界连接。在高性能功率变换器中，开关管的开关速度快，直流侧电容自感(ESL_n)和线路连接的寄生电感(ESL_σ)在开关管关断时刻会产生大电压尖峰，增大直流侧电容和开关管的电压应力，严重危及电力电子变换器的使用寿命。从图 2.11 中可以明显看出，同样的电容容量，采用多个小电容并联(等效串联电阻和等效串联电感变小)比采用单个大电容性能好。电容大小不一致时，弯曲的母线会增大寄生电感，因此，不同类型的电容必须通过合理的布局来减小寄生电感。比如 CREE 公司在 SiC MOSFET 模块的设计中，通过优化直流侧电容模组构成和布局来减小模组本身自感和寄生电感，以达到模块性能的最优化[11,12]。

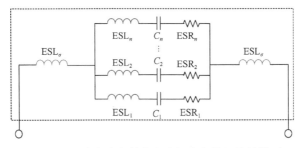

图 2.11　包含寄生参数的直流侧电容模组等效模型

图 2.12 为串联电容削弱磁场的走线方法，图中电流路径用黑色虚线示出，通过在外部两个引脚上连接串联电容器中间层及在内部两个引脚分别连接正负级，最小化电流环路的面积(可以将等效串联电感减少 2.5 倍)。由此可以看出，电容模组的合理布局和走线可以减少电容模组的等效串联电阻、等效串联电感及电路的杂散参数，优化模组的磁设计。

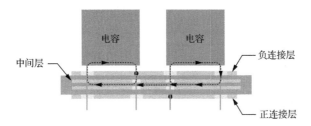

图 2.12　串联电容器的磁场消弱方法

电容的合理布局可以使寄生电感最小化。例如：①并联电容自身寄生电感减小(为了最小化等效串联电感设计，相比较大电容器的并联阵列，会优先使用多个容量较小的电容器并联阵列。在这种情况下，较小电容器的并联阵列具有较大电容器等效串联电感的三分之一，较小电容器阵列的成本通常较低，大约只需要较大电容器一半的成本)[11,12]。②通过抵消磁场来减小线路寄生电感(平行布置的每单位长度的等效串联电感约为并列配置的 5.7 倍)。电容的合理布局可以使电容模组最大核温减小。如同一个电容模组的不同布局方式会改变电容模组的最高电容核温，所以通过合理的布局减小电容模组的最高核温，将提高电容模组的可靠性。

图 2.13 为电容模组电、热、磁仿真示意图，在有限元分析软件 ANASYS 的 3 个子模块 Simplorer-Icapak-Q3D 中分别建立仿真模型，建立各软件之间接口，在 Simplorer 中建立电路仿真模型得到电容模组的损耗，在 Icepak 中对电容模组进行热仿真，得到电容模组的热分布，针对直流侧电容 PCB 布局中的寄生电感，在 Q3D 软件中进行仿真，得到 PCB 板各层之间的环路电感值，从而实现直流侧电容模组多物理场联合仿真，验证电容模组方案中电–热–磁设计的合理性，最后得到多目标优化的电容模组方案。

2.2.3 电容模组的优化设计流程

1. 多目标优化设计总体思路概述

多目标优化的数学背景：设 $x=(x_1, x_2, \cdots, x_n)$ 为设计变量，$k=(k_1, k_2, \cdots, k_q)$ 为设计常量，性能函数（目标函数）为 p，限制条件（约束条件）为 g、h。设计变量和设计常量在限制条件的约束下，形成设计空间（可行域），再通过目标函数将设计空间中的点一一映射到性能空间中，最终形成帕累托曲线（Pareto-front）[8]。

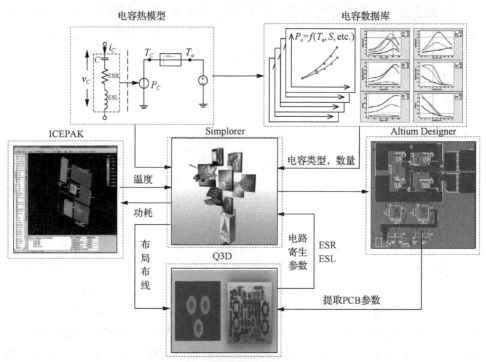

图 2.13　电容模组电、热、磁仿真示意图

因此多目标优化的目标是确定最佳设计空间中的设计矢量 (x, k) 及在性能空间中确定的最佳的性能函数 p。

图 2.14 为电力电子变换器多目标优化流程图，包括 4 个部分分别描述如下。

（1）设计空间：设计变量可以为电容容值，电容的串并联个数及不同种电容的混合比例。

（2）约束条件：许多限制来源于人为的需求给定，例如寿命的限制、电容体积限制、电容成本的限制等。最终，这些约束条件可以用等式或者不等式来描述。

(3)元件模型：元件模型来自于对电容的建模。对电容的电热磁进行建模可以得到电容的多物理场模型，如电容的热阻模型、等效串联电阻模型、等效串联电感模型等。

(4)目标函数：性能指标一般是功率密度、效率、元件成本、重量、体积及可靠性。

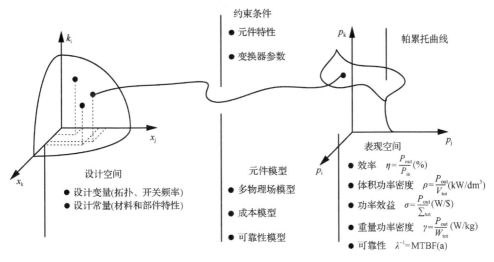

图 2.14 电力电子变换器多目标优化流程图

电容模组的效率可以表示为

$$\eta = \frac{P_{\text{out}}}{P_{\text{in}}} \qquad (2.48)$$

式中，η 为整个电容模组的效率；P_{out}、P_{in} 为电容模组的输出和输入功率。

电容模组的体积功率密度可以表示为

$$\rho = \frac{P_{\text{out}}}{V_{\text{tot}}} \qquad (2.49)$$

式中，ρ 为整个电容模组的功率密度；V_{tot} 为电容模组的体积。

电容模组的功率效益可以表示为

$$\sigma = \frac{P_{\text{out}}}{\Sigma_{\text{tot}}} \qquad (2.50)$$

式中，σ 为整个电容模组的效率；Σ_{tot} 为电容模组的重量。

电容模组的重量功率密度可以表示为

$$\gamma = \frac{P_{\text{out}}}{W_{\text{tot}}} \tag{2.51}$$

式中，γ 为整个电容模组的重量功率密度；W_{tot} 为电容模组的总成本。

电容模组的可靠性可以表示为

$$\lambda^{-1} = \text{MTBF} \tag{2.52}$$

式中，λ^{-1} 为整个电容模组的可靠性；MTBF 为电容模组的平均故障时间，是指上一次设备恢复正常状态到设备此次失效的那一刻之间间隔的时间。

通过建立数学模型，包括每个元件的损耗、体积、重量、成本和失效率来确定每个设计变量的性能指标。这个过程可以看作是将设计空间 D 中的点映射到表现空间 P 中。

2. 电容模组多目标优化设计流程

(1) 根据系统功率等级、电压纹波和电压应力要求，计算出电容模组所需电容值的大小。

(2) 在总容值不变的情况下，考虑串并联数目及不同种类电容的混合比例对电容模组性能的影响，并选取不同混合比例下电容及不同串并联数目下的电容进行对比。

(3) 分析直流侧电流的谐波成分，得到直流侧电流的精确表达式，并基于电力电子系统长期运行工况条件，考虑环境因素(温度、湿度等)，分别建立长期(以年为周期)、中期(以小时为周期)及短期(以秒为周期)的不同时间尺度下损耗模型、热模型、可靠性模型及寿命模型。分别基于不同电容的失效机理，考虑环境因素(温度、湿度等)，结合电、损耗、热模型，最后利用疲劳损耗线性叠加原理，完成直流侧电容模组的可靠性和寿命评估。得到直流侧电容模组的寿命模型。

(4) 选择不同厂商的电容，根据电容手册，建立数据库，通过数据拟合，通过所选取的目标函数建立直流侧电容模组成本和体积模型。

(5) 在考虑成本、损耗和体积的数学模型的基础上，并考虑限制要求，画出帕内托曲线。最后根据得到曲线的一组最优解来选出最佳设计。完成各项性能指标评估。

(6) 根据性能评估结果，研究直流侧电容模组多目标分层优化方法，构造综合考虑寿命、体积、效率及成本的多目标优化直流侧电容模组流程，对方案进行优化指导再设计。

具体流程如图 2.15 所示。

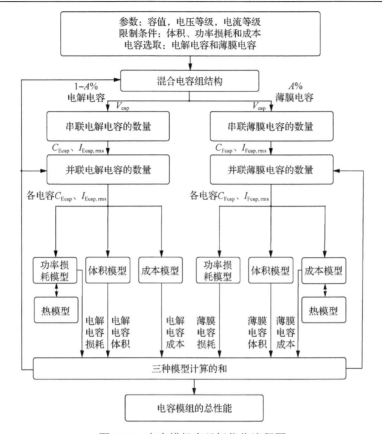

图 2.15 电容模组多目标优化流程图

首先要确定系统所需要的 DC-Link 的电容总容值及电压应力和电流应力，同时，需要给出系统的性能指标如电容模组的体积、损耗和成本等方面的限制。然后，根据要求选择一个厂商的电解电容和薄膜电容，并根据数据手册建立数据库。

系统的设计变量确定为薄膜电容的混合比例 $A\%$、电容的串并联数量。选择一个混合比例后，根据电压应力 V_{cap} 的关系选择电容的串联数量，并在选定一组设计变量的集合后，检查电解电容和薄膜电容的电流应力 $I_{Ecap,rms}$、$I_{Fcap,rms}$ 是否符合要求，如不满足，则继续对下一组进行验证；若满足要求，则根据之前得到的电解电容和薄膜电容容值 C_{Ecap}、C_{Fcap} 及它们的电流应力，代入模型中分别计算出它们的体积、成本、损耗，再进行整合。在计算完所有可能的组合后再根据要求选择合适的方案。

2.2.4 电容模组的优化设计实例

1. 应用于 5.5kW 单相逆变器的电容模组优化设计

本案例对应用于 5.5kW 单相逆变器中的电容模组进行多目标优化设计，表 2.1

显示了 5.5kW 单相逆变器的设计指标。

表 2.1　5.5kW 单相逆变器设计指标

参数	值
输出功率 P_{out}	5.5kW
输入电压 V_{dc}	320V
纹波电压 ΔV_{pp}	6V
输出电压 V_{out}	220V
输出频率 f_o	50Hz
开关频率 f_s	20k Hz

电容用于减少直流侧的电压波动，根据能量守恒，交流侧的脉动功率在半个脉动周期内的能量应该与电容一次充电或放电的能量相等，直流侧电容的最小容值可以由下列式子得到

$$C = \frac{P_o}{2\omega V_{dc} V_{pp}} \tag{2.53}$$

式中，P_o 为输出功率；ω 为输出电压的角频率；V_{dc} 和 V_{pp} 分别为直流侧电压和其电压波动。

基于表 2.1 示的系统指标，以及电容电流的计算公式(2.39)，电容模组的系统指标如表 2.2 所示。

表 2.2　5.5kW 电容模组的设计指标

参数	值
电容模组总容值 C	4560μF
电压纹波频率 $2f_o$	100Hz
开关谐波频率 f_s	20kHz
低频电流	17.18A
高频电流	12.64A

无源电容模组的多目标优化流程如图 2.15 所示。首先要确定系统所需要的直流侧电容的总容值及电容模组承受的电压和电流应力，同时需要给出系统的性能指标如电容模组的体积、损耗和成本等方面的限制。然后根据要求选择一个厂商的电解电容和薄膜电容并根据数据手册建立数据库。

系统的设计变量确定为薄膜电容的混合比例、电容的串并联数量。选择一个混合比例后，根据电压应力的关系选择电容的串联数量，并在选定一组设计变量的集合后，检查电压和电流应力是否符合要求，如不满足，则继续对下一组进行

验证；若满足要求，则根据模型分别计算出它们的体积、成本、损耗，再进行整合。在计算完所有可能的组合后再根据要求选择合适的方案。

图 2.16 显示的是根据上述流程得到的电容模组多目标优化的结果。随着混合比例的增加，电容模组的体积和成本随之增加，但损耗得到了一定程度的降低，并且增加薄膜电容或电解电容并联数量也会带来同样的效果。本案例选择了以下 7 种方案来验证该结论，方案选取如表 2.3 所示。

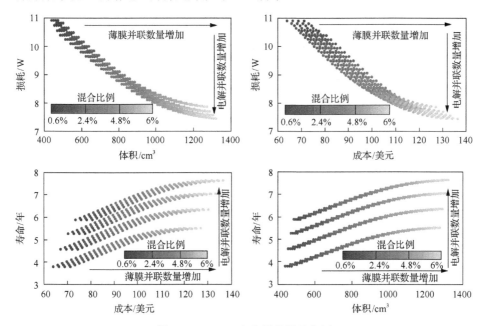

图 2.16　5.5kW 电容模组性能空间

表 2.3　5.5kW 电容模组方案选取

混合比例/%	电解电容容值/μF	薄膜电容容值/μF	电容模组体积/cm³	功率损耗/W	寿命/年	成本/美元	电解电容并联数量/个	薄膜电容并联数量/个
0.0	0.0	4560	360.83	11.37	3.61	56.77	8	7
0.5	22.8	4537.2	441.01	10.97	3.79	63.99	8	7
1.0	45.6	4514.4	509.83	10.56	3.98	68.81	8	7
2.0	91.2	4468.8	656.96	9.75	4.39	82.06	8	16
2.0	91.2	4468.8	664.54	9.74	4.39	82.06	8	16
2.0	91.2	4468.8	734.20	9.10	7.28	92.22	17	16
2.7	123.12	4436.88	760.90	9.23	4.68	88.79	8	16

通过实验对比，可以得到一些结论：

(1)在电容模组中混合一定比例的薄膜电容对整个电容模组的寿命有一定程度的提升，这源自于薄膜电容的低等效串联电阻，并且在混合比例为 2%以下时，对电容模组的寿命提升比较明显。

(2) 在别的条件不变的情况下，提升电解电容的并联数量，对电容模组的寿命有着显著的提升。但是增加薄膜电容的并联数量对电容模组的寿命提升并不明显。并且提高混合比例和电容模组的并联数量，都会使得电容模组的体积和成本增加。

2. 应用于 3kW 单相逆变器的电容模组优化设计

本案例构建了一组为 3kW 单相逆变器使用的无源电容模组，其设计指标如表 2.4 所示。

表 2.4　3kW 电容模组的设计指标

参数	值
直流母线电压 V_{dc}	400V
纹波电压 ΔV_{pp}	5V
输出电压 V_{out}	220V
输出电压频率 f_{out}	50Hz
开关频率 f_s	20kHz
电容模组总容值 C	2387μF
低频电流	7.54A
高频电流	6.32A

通过多目标优化流程得到的电容模组的性能空间，如图 2.17 所示。本案例从优化结果中构建了两组方案，方案一体积和成本最优，但寿命较低，方案二寿命最高，但体积和成本相应增加。图 2.18 和图 2.19 分别为方案一和方案二的实物示意图和热仿真图。

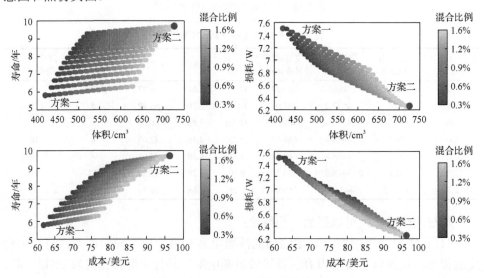

图 2.17　3kW 电容模组性能空间

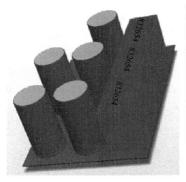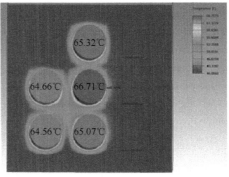

图 2.18　3kW 电容模组实物示意图及热仿真云图(方案一)

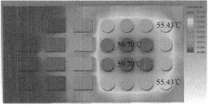

图 2.19　3kW 电容模组实物示意图及热仿真云图(方案二)

参 考 文 献

[1] Lu X, Peng F Z. Minimizing DC capacitor current ripple and DC capacitance requirement of the HEV converter/inverter systems[C]. IEEE Energy Conversion Congress and Exposition, San Jose, 2009: 1191-1198.

[2] Renken F. The DC-link capacitor current in pulsed single-phase H-bridge inverters[C]. Dresden: European Conference on Power Electronics and Applications. 2005: 1-10.

[3] 陈永真, 李锦. 电容器手册[M]. 北京: 科学出版社, 2003.

[4] Sakabe Y, Hayashi M, Ozaki T, et al. High frequency performance of multilayer ceramic capacitors[C]. Las Vegas: 45th Electronic Components and Technology Conference, 1995: 234-240.

[5] Kolar J W, Round S D. Analytical calculation of the RMS current stress on the DC-Link capacitor of voltage-PWM converter systems[J]. IEEE Proceedings Electric Power Applications, 2006, 153(4): 535-543.

[6] Kolar J W. Multi-objective optimization in power electronics[C]. New Zealand: Plenary Presentation at the Southern Power Electronics Conference, 2016.

[7] Holmes D G, Thomas A L. Pulse Width Modulation for Power Converter[M]. New York: Principles and Practice. 2003.

[8] Kolar J W, Biela J, Waffler S, et al. Badstuebner Performance Trends and Limitations of Power Electronic Systems[C]. Nuremberg: 6th International Conference on Integrated Power Electronics Systems, 2010: 1-20.

[9] Aluminum Electrolytic Capacitors. B43630A5567M000 Datasheet[EB/OL]. www.digikey.com. 2016.

[10] Wang H, Blaabjerg F. Reliability of capacitors for dc-link applications in power electronic converters-an overview[J]. IEEE Trans. Ind. Appl., 2014, 50: 3569-3578.

[11] CREE.Application note,design considerations for designing with cree SiC modules part 1. the effects of parasitic inductance[EB/OL].[2015-9-3].https://www.wolfspeed.com/downloads/dl/file/id/180/product/102/design considerations for designing with cree sic modules part 1 understanding the effects of parasitic inductance.pdf.

[12] CREE. Application note, design considerations for designing with cree SiC modules part 2. techniques for minimizing parasitic inductance[EB/OL].[2015-9-3]. https://www.wolfspeed.com/downloads/dl/file/id/181/product/102/design considerations for designing with cree sic modules part 2 techniques for minimizing parasitic inductance.pdf.

第3章 有源电容的实现方法

3.1 二倍频纹波的产生机理

当单相逆变器带阻性负载或单相整流器工作在单位功率因数时，单相变换器交流侧电压和电流同频同相，交流侧电压 v_{ac} 和电流 i_{ac} 如式(3.1)与式(3.2)所示：

$$v_{\text{ac}}(t) = V_{\max} \sin(\omega t) \tag{3.1}$$

$$i_{\text{ac}}(t) = I_{\max} \sin(\omega t) \tag{3.2}$$

式中，$V_{\max}$、$I_{\max}$ 分别为正弦交流电压和电流的峰值；ω 为交流角频率。此时，交流侧瞬时功率 $p_{\text{ac}}(t)$ 为

$$p_{\text{ac}}(t) = v_{\text{ac}}(t)i_{\text{ac}}(t) = \frac{1}{2}V_{\max}I_{\max}(1 - \cos 2\omega t) \tag{3.3}$$

$$\begin{cases} p_{\text{ac}}(t) = P_{\text{avg}} + p_{2\omega}(t) \\ P_{\text{avg}} = \dfrac{1}{2}V_{\max}I_{\max} \\ p_{2\omega}(t) = -\dfrac{1}{2}V_{\max}I_{\max}\cos 2\omega t \end{cases} \tag{3.4}$$

由式(3.4)可以看出，交流侧瞬时功率由两部分构成，即平均功率 P_{avg} 和二倍低频脉动功率 $p_{2\omega}(t)$，二倍低频脉动功率由交流侧和直流侧瞬时功率不平衡产生，$p_{\text{ac}}(t)$、P_{avg} 和 $p_{2\omega}(t)$ 如式(3.4)及图 3.1 所示，交流侧瞬时功率大于平均功率时，储能吸收多余能量，交流侧瞬时功率小于平均功率时，储能释放补充能量。

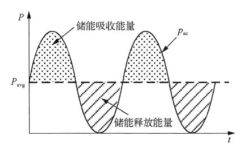

图 3.1 单相变换器直流侧瞬时功率示意图

　　脉动功率由直流侧电解电容进行缓冲，如果直流侧电压得到控制，该脉动功率会在直流侧体现为二倍低频纹波电流。假设效率为 100%，并且忽略开关损耗和电感中储存的能量，根据能量守恒定律可以得到，直流侧瞬时功率 $p_{dc}(t)$ 等于交流侧瞬时功率 $p_{ac}(t)$，同样由平均功率和瞬时脉动功率构成，显然，与直流恒定电压、电流和功率的理想状态不符。不妨设直流侧电压为恒定，此时，直流侧瞬时电流可以表示为

$$i_{dc}(t) = \frac{p_{dc}(t)}{V_{dc}} = \frac{P_{avg}}{V_{dc}} + \frac{p_{2\omega}(t)}{V_{dc}} = I_{dc} + i_{2\omega}(t)$$
$$= \frac{\frac{1}{2}V_{max}I_{max}}{V_{dc}} - \frac{\frac{1}{2}V_{max}I_{max}\cos 2\omega t}{V_{dc}} \tag{3.5}$$

式中，V_{dc} 为直流侧电压；I_{dc} 为直流侧电流平均值；$i_{2\omega}(t)$ 为直流侧二倍低频纹波电流。

　　由式 (3.5) 可以看出，当直流电压恒定时，直流侧瞬时电流包含直流平均电流和直流侧二倍低频纹波电流两种成分。该二倍低频纹波将会继续往前传播，譬如会带来燃料电池利用率低，光伏逆变系统无法实现最大功率点追踪等不良影响。

3.2　无功功率的产生机理及补偿结构

3.2.1　无功功率的产生机理

　　以单相逆变器为例，当交流侧接容性、感性或者非线性负载时，交流侧将含有不同频率、幅值和相位的多次谐波和无功成分，因此，交流侧电压、电流将不再为正弦。由于交流侧电压畸变与电流畸变表达式对偶，所以以电流畸变为例。不妨假设交流侧电压 v_{ac} 为正弦电压，如式 (3.6) 所示。交流电流 i_{ac} 除基波外，包含 n 种谐波电流，经快速傅里叶变换 (fast Fourier transform，FFT) 分析后如式 (3.7) 所示。

$$v_{ac}(t) = V_{max}\sin\omega t \tag{3.6}$$

$$i_{ac}(t) = I_{max}\sin(\omega t + \varphi_0) + I_{H1max}\sin(H_1\omega t + \varphi_1) + I_{H2max}\sin(H_2\omega t + \varphi_2) \\ + \cdots + I_{Hnmax}\sin(H_n\omega t + \varphi_n) \tag{3.7}$$

式中，H_0 为基波频率；$H_1, H_2, \cdots, H_n$ 是为各次扰动频率；φ_0 为交流基波电流的相位，I_{Hnmax}、$\varphi_n (n=1,2,\cdots)$ 为第 n 次谐波电流分量的幅值和相位。由式 (3.6) 和式 (3.7)

可得交流侧瞬时功率为

$$
\begin{aligned}
p_{\mathrm{ac}}(t) = v_{\mathrm{ac}}(t)i_{\mathrm{ac}}(t) = {}& \frac{V_{\max}I_{\max}}{2}[\cos\varphi_0 - \cos(2\omega t + \varphi_0)] \\
& + \frac{V_{\max}I_{H1\max}}{2}\{\cos[(H_1-1)\omega t + \varphi_1] - \cos[(H_1+1)\omega t + \varphi_1]\} \\
& + \frac{V_{\max}I_{H2\max}}{2}\{\cos[(H_2-1)\omega t + \varphi_2] - \cos[(H_2+1)\omega t + \varphi_2]\} \quad (3.8) \\
& \qquad\qquad\qquad\vdots \\
& + \frac{V_{\max}I_{Hn\max}}{2}\{\cos[(H_n-1)\omega t + \varphi_n] - \cos[(H_n+1)\omega t + \varphi_n]\}
\end{aligned}
$$

$$
\begin{cases}
p_{\mathrm{ac}}(t) = P_{\mathrm{avg}} + p_{2\omega}(t) + p_{n\omega}(t) \\[4pt]
P_{\mathrm{avg}} = \dfrac{V_{\max}I_{\max}}{2}\cos\varphi_0 \\[8pt]
p_{2\omega}(t) = -\cos(2\omega t + \varphi_0)\dfrac{V_{\max}I_{\max}}{2} \\[8pt]
p_{n\omega}(t) = \dfrac{V_{\max}I_{H1\max}}{2}\{\cos[(H_1-1)\omega t + \varphi_1] - \cos[(H_1+1)\omega t + \varphi_1]\} \\[8pt]
\qquad\quad + \dfrac{V_{\max}I_{H2\max}}{2}\{\cos[(H_2-1)\omega t + \varphi_2] - \cos[(H_2+1)\omega t + \varphi_2]\} \\[4pt]
\qquad\qquad\qquad\qquad\vdots \\[4pt]
\qquad\quad + \dfrac{V_{\max}I_{Hn\max}}{2}\{\cos[(H_n-1)\omega t + \varphi_n] - \cos[(H_n+1)\omega t + \varphi_n]\}
\end{cases} \quad (3.9)
$$

由式 (3.9) 可知，交流侧瞬时功率包含平均功率 P_{avg}、低频脉动功率 $p_{2\omega}(t)$ 和谐波引起的无功功率 $p_{n\omega}(t)$ 三部分，并且均会辐射至直流侧，表现为直流平均电流和纹波电流的叠加。另一方面，直流侧瞬时功率为

$$
p_{\mathrm{dc}}(t) = V_{\mathrm{dc}}[I_{\mathrm{dc}} + i_{\mathrm{rip}}(t)] \quad (3.10)
$$

式中，$i_{\mathrm{rip}}(t)$ 为直流侧谐波电流。假设系统效率为 100%，并且直流电压恒定，则

$$
I_{\mathrm{dc}} = \frac{V_{\max}I_{\max}}{2V_{\mathrm{dc}}} \quad (3.11)
$$

联立式 (3.8) ～式 (3.11) 可得直流侧谐波电流为

$$i_{\text{rip}}(t) = \frac{V_{\max}I_{\max}}{2V_{\text{dc}}}[\cos\varphi_0 - \cos(2\omega t + \varphi_0)]$$

$$+ \frac{V_{\max}I_{H1\max}}{2V_{\text{dc}}}\{\cos[(H_1-1)\omega t + \varphi_1] - \cos[(H_1+1)\omega t + \varphi_1]\}$$

$$+ \frac{V_{\max}I_{H2\max}}{2V_{\text{dc}}}\{\cos[(H_2-1)\omega t + \varphi_2] - \cos[(H_2+1)\omega t + \varphi_2]\} \quad (3.12)$$

$$\vdots$$

$$+ \frac{V_{\max}I_{Hm\max}}{2V_{\text{dc}}}\{\cos[(H_n-1)\omega t + \varphi_n] - \cos[(H_n+1)\omega t + \varphi_n]\}$$

从式(3.10)～式(3.12)中可以看出，直流侧电流包含直流平均电流、二倍低频纹波和非线性负载引入的谐波成分，各成分展开如式(3.13)所示。该纹波成分将会流过整个单相变换器，增加变换器中元器件的电压、电流应力，降低变换器的效率和可靠性，给变换器的安全稳定运行带来隐患。同时，该纹波电流将降低直流源的使用寿命，增加变换器的全寿命周期成本。

$$\begin{cases} i_{\text{dc}}(t) = I_{\text{dc}} + i_{2\omega}(t) + i_{n\omega}(t) \\[2mm] I_{\text{dc}} = \dfrac{V_{\max}I_{\max}}{2V_{\text{dc}}}\cos\varphi_0 \\[2mm] i_{2\omega}(t) = -\cos(2\omega t + \varphi_0)\dfrac{V_{\max}I_{\max}}{2V_{\text{dc}}} \\[2mm] i_{n\omega}(t) = \dfrac{V_{\max}I_{H1\max}}{2V_{\text{dc}}}\{\cos[(H_1-1)\omega t + \varphi_1] - \cos[(H_1+1)\omega t + \varphi_1]\} \\[2mm] \qquad\quad + \dfrac{V_{\max}I_{H2\max}}{2V_{\text{dc}}}\{\cos[(H_2-1)\omega t + \varphi_2] - \cos[(H_2+1)\omega t + \varphi_2]\} \\[2mm] \qquad\qquad\qquad\qquad \vdots \\[2mm] \qquad\quad + \dfrac{V_{\max}I_{H_n\max}}{2V_{\text{dc}}}\{\cos[(H_n-1)\omega t + \varphi_n] - \cos[(H_n+1)\omega t + \varphi_n]\} \end{cases} \quad (3.13)$$

3.2.2 无功补偿的补偿结构

1. 串联型有源电力滤波器

串联型有源电力滤波器通过变压器串联连接在负载与电力系统之间，可以等效为受控电压源，专门用于对谐波电压和无功功率的补偿，减小谐波对敏感负载的危害，提高电力系统供电质量，如图 3.2 所示，L_{dc} 为整流性负载的平波电抗器，

Z 为负载阻抗，C 为有源电力滤波器中的滤波电容。通过控制电力滤波器的电压信号产生与线路谐波电压幅值相同，相位相差 180°的电压波形进行无功功率补偿，从而达到电网侧交流电压为正弦电压的效果。该方法能够有效地将交流侧负载所产生的无功功率转移到并联电力滤波器的储能元器件中，实现谐波抑制或无功补偿。

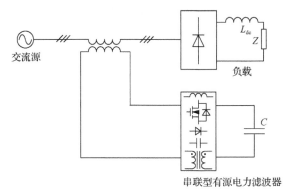

图 3.2　串联型有源电力滤波器结构图

2. 并联型有源电力滤波器

并联型有源电力滤波器是目前使用最为广泛的一种电力滤波器，其电路结构如图 3.3 所示。并联型有源电力滤波器连接在负载与电力系统之间，通过控制并联型滤波器注入电网的电流和无功分量，可以等效为受控电流源，其与交流侧谐波电流和无功功率成幅值相同、相位相差 180°，对交流侧的容性、感性或非线性负载产生的谐波和无功功率进行就地补偿，将交流侧无功功率转移到并联滤波器的储能元件中，从而实现交流侧电压和电流同频同相，提高电网供电质量。

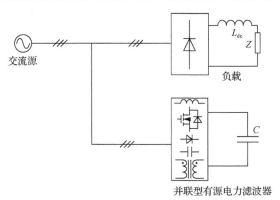

图 3.3　并联型有源电力滤波器结构图

3. 混合型有源电力滤波器

根据上述分析，不难得到，串联型有源电力滤波器和并联型有源电力滤波器分别在电压谐波补偿和电流谐波补偿方面具有优势，将两者的优点集中起来，对串并混合型有源电力滤波器展开研究，其结构图如图 3.4 所示，既能够实现交流侧负载谐波电流的补偿，又能够对电网电压谐波进行补偿，将交流侧导致电压和电流谐波的无功功率或者谐波畸变功率全部储存在所添加的有源电力滤波器中间的储能元件 C 中。

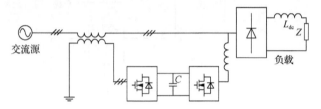

图 3.4　串并混合型有源电力滤波器结构图

3.3　有源电容的电路结构

有源功率解耦方法旨在通过添加有源开关器件和储能元件，将交流侧产生的脉动功率和无功功率转移至额外的储能元件中[1]。本小节针对单相变换器中，现有大量的有源功率解耦方法，深入分析其电路结构，归纳其功率解耦的本质特征。交流侧的脉动功率耦合到直流侧将会对直流侧电压或电流引入低频纹波成分，当直流电流恒定时，直流侧电容上电压将产生二倍低频纹波电压的波动；当直流电压恒定时，直流电流将如上章节中所述，包含二倍低频纹波电流成分。针对耦合至直流侧的低频脉动功率产生的两种不同结果，本书将大量单相变换器中功率解耦方法分为两种类型分别进行探讨，即串联电压源补偿直流侧电容上低频纹波电压；并联电流源补偿直流侧低频纹波电流成分。

3.3.1　串联电压源

如图 3.5 所示为单相高频整流器 AC/DC 后接 DC/DC 变换器的级联变换器，直流母线上通过联电容 C_{dc} 实现级联变换器的功率解耦和能量支撑。为了减小直流侧电容上电压纹波实现脉动功率转移，在级联变换器直流母线上串联电压源 v_{ab}。该电压源由交流电容 C_{ab}、滤波电感 L_{ac}、开关器件 $S_1 \sim S_4$ 和直流电源(或电解电容 C)组成，通过控制开关器件在交流电容上产生与直流侧电容纹波电压幅值相同，相位相差 180° 的交流正弦电压波形，并将交流电容串联入级联变换器中，实现功率解耦。

在单相级联变换器中，当直流侧电容电压含有二倍低频纹波时，脉动功率将会直接耦合到后级变换器影响系统的工作状态。此时，直流侧电容的电压如图 3.5 所示，为带有二倍低频纹波的直流电压。AC/DC 变换器期望高功率因数输入，DC/DC 变换器理想输入为直流电压和直流电流，两者之间存在不平衡的脉动功率，期望通过串联电压源 v_{ab} 来实现解耦。因此，串联电压源的方式能够在直流母线直接对直流电压波形进行补偿，将不平衡的脉动功率转移到串联电压源中；由于电压源补偿的波形与直流侧电容电压中二倍低频纹波电压的波形相同，电压源中开关管，电感和储能电容的电压、电流应力较小，解耦装置的成本低；同时，该方法能够充分利用串联进入级联变换器的交流电容的正负容量，将储能元件的利用率实现最大化。

由于电压源串联在级联变换器中充分利用了电容的正负半周，电容利用率高。然而，电压源电路结构中包含了全桥及直流电源或其他大容量储能装置，增加了系统的成本，同时，从系统的角度来看，电压源串联在线路中，从某种程度看，增大了系统可靠性问题。

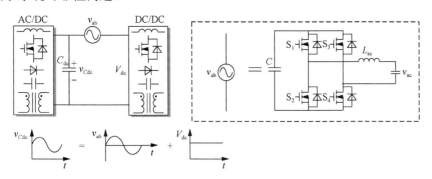

图 3.5　串联电压源功率解耦方法拓扑结构

3.3.2　并联电流源

1. 电感储能

有源功率解耦方法的本质是将交流侧所需要的低频脉动功率从直流侧端口转移到非输入输出侧的储能元件中，无论是电感还是电容均能够作为低频脉动功率的储能元件。由于电感的可靠性和稳定性具有显著优势，所以，国内外研究者提出了多种采用电感作为储能元件的功率解耦方法。

如图 3.6 所示为一种针对单相全桥高频整流器的功率解耦电路，v_{ac} 为正弦交流输入电压，L_{ac} 为交流输入滤波电感，$S_1 \sim S_4$ 分别为桥式整流电路中开关器件，C_{dc} 为直流母线上直流侧电容，Z 为负载阻抗。不添加功率解耦电路的高频整流器通过控制全控开关器件同时实现 AC/DC 变换实现单位功率因数,由直流侧电容实现功率解耦。

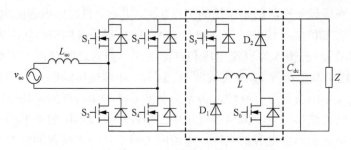

图 3.6　储能电感功率解耦方法拓扑结构

虚线框为功率解耦电路(后续章节同)并联在直流侧电容的两端,包含两个全控开关器件 S_5 和 S_6、两个快恢复二极管 D_1 和 D_2 及储能电感 L,通过控制两个全控开关器件的导通和关断,将交流侧脉动功率转移到解耦电路中的储能电感中。该方法效果显著,并且解耦电路的工作状态独立,不会对原变换器的电路结构和控制策略带来影响。

然而,该解耦电路在设计过程中也存在诸多问题。由于电感作为功率解耦的储能元件,需要短时间内提供脉动瞬时功率,所以,为了保证电感电流能够保持较快的跟踪速度,电感量的设计需要尽量小,从而满足控制器快速性的要求。然而,当储能电感的感值减小时,意味着相同的低频脉动功率将会引起电压电流脉动的增加,从而导致消耗在电感中等效串联电阻上的能量上升,增加了变换器的损耗。当储能电感中纹波电流的幅值增加时,所添加的功率解耦电路中开关元件的电压和电流应力也随之增大,不仅增加了系统的损耗,同时也增加了变换器设计的全寿命周期成本。与此同时,该功率解耦电路中储能电感的电流方向的单向性也会增加电感的磁芯损耗。

依然采用电感作为功率解耦的储能元件,为了减小添加元器件的数量,文献[2]提出一种基于桥式电路改进的具有功率解耦的单相整流器,如图 3.7(a)所示,添加的两只全控开关器件串联后并联接在直流侧电容上。通过控制两只全控开关器件实现将脉动功率转移到解耦电路中的储能电感中。不同于图 3.6 添加独立解耦电路的方法,该方法将储能电感连接添加到第三桥臂和原变换器的第二桥臂中点上,结合原电路的调制方法,充分利用已有元器件,通过单独控制所添加第三桥臂的开关状态,建立第三桥臂和第二桥臂的脉动功率流通路径,使电感电流工作在交流电流或直流叠加低频纹波电流的状态,产生交流侧所需的低频脉动功率。经过文献分析得出,电感电流控制为不带有直流偏置的交流信号能够降低磁芯损耗,提高能量存储效率,并且能够滤除变换器中高频开关谐波及其边带频率。

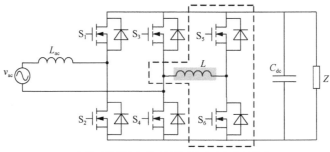

(a) 全控开关器件串联后并联后与直流侧电容并联

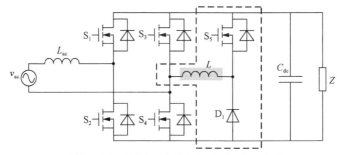

(b) 全控开关管和快恢复二极管串联后与直流侧电容并联

图 3.7　储能电感功率解耦优化方法拓扑结构

　　然而，该方法也同样存在增加系统成本，降低了变换器工作效率等不足：①在构造低频脉动功率的流通路径时复用第二桥臂，因而增加了第二桥臂中全控开关器件的电压电流应力，增加元器件成本；②储能电感的等效串联电阻较大，因而将会降低变换器效率；③添加两只全控开关器件和储能电感，因此，该方法会增加系统全寿命周期成本。

　　在图 3.7(a)中添加第三桥臂和储能电感的基础上进行了改进，如图 3.7(b)所示，将桥臂中两只全控开关器件变为一只全控开关器件和一只快恢复二极管，同时，依然复用第二桥臂，通过控制第三桥臂中全控开关器件的开关状态，将低频脉动功率控制在储能电感上。该方法能够显著抑制直流侧电容上脉动功率的流动，同时降低了成本，减少了控制和驱动电路的复杂程度。

　　虽然文献[2]中所提的拓扑结构及其控制方法能够减小电感电流中直流偏置成分，但是由于添加的二极管具有单向性，电感电流始终为直流电流，会造成大量磁芯损耗。与图 3.6 中存在问题相同，电感量在选取的过程中需要综合变换器性能和成本，当电感量取值较小时能够显著提高直流侧低频纹波的跟踪速度，同时也会增大电感电压和电流的纹波波动，增加元器件的电压电流应力，导致变换器成本和损耗的增加；当电感量取值较大时会导致快速性的降低，影响变换器工作性能。该方法由于复用第三桥臂，必然会带来第三桥臂上电压电流应力的增加，同时，添加的储能元件和开关器件也会带来变换器全寿命周期成本的增加和效率的降低。

综上所述，目前在单相变换器中采用电感储能实现功率解耦的方法均能够有效地将交流侧低频脉动功率转移至储能电感中，并且通过复用原变换器中的开关器件，逐步减小添加的全控开关器件的数量，并期望降低元器件电压和电流应力。然而，尽管储能电感解耦的方法具有高可靠性和显著的功率解耦效果，但不可避免的是，采用储能电感存储低频脉动功率的方法由于电感中等效串联电阻较大，存在磁芯损耗较大，变换器效率降低的问题。

2. 电容储能

近年来，具有高可靠性、低等效串联电阻的薄膜电容的发展引起了工程设计人员和科研人员的广泛关注，涌现出了一系列采用薄膜电容作为低频脉动功率储能元件的功率解耦方法。薄膜电容相比电解电容而言，具有等效串联电阻小、可靠性高、耐高压、高频等优势，同时也存在功率密度低、成本高的问题[3]。如果在单相变换器中直接将直流侧电解电容用多个薄膜电容并联来替换，会增大变换器的体积，降低功率密度，增加系统的成本，因此，诸多方法通过添加少量有源器件的形式，将直流侧电容中低频脉动功率转移到储能电容中。

图 3.8 为文献[4]所提出的采用 DC/DC 降压电路(BUCK 解耦电路)成功率解耦模块。图 3.8 中，由两个全控器件 S_5 和 S_6、滤波电感 L 和储能电容 C 构成。通过监测直流侧电流中低频纹波分量，控制两只全控器件的开关状态，将直流侧电容中二倍低频脉动功率转移到降压解耦电路中的储能电容中去。该解耦电路不依赖于单相变换器的电路结构，直接并联在直流侧电容的两端。

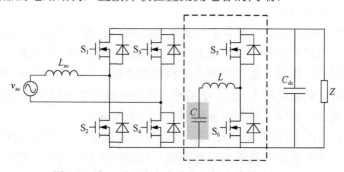

图 3.8　降压型交流电容功率解耦方法拓扑结构

针对图 3.8 所示的电路结构，理想情况下，电容储存和释放的功率完全等于直流侧电容中解耦的二倍低频脉动功率，此时，所添加的储能电容将按照工频周期充分完成充放电过程。当 BUCK 解耦电路工作在电流断续模式，在每一个开关周期内电感均会充分储存和释放能量。但与此同时，电容放电完成瞬间将会发生电容电压变化趋势的反向过程，电流在短时间内将会突变，对变换器中开关器件和储能元件带来短时间巨大的电压和电流应力，同时将会给单相变换器引入多次谐波、带来电磁干扰等问题，威胁变换器的安全稳定运行，降低变换器工作效率，故在工程设计时需要避免此类现象发生。当 BUCK 解耦电路工作在电流连续模式时，即储能电容电压控制为直流偏置电压和二倍低频纹波电压，便能够降低电压变化率，减小电容电流变化引起的谐波成分。通过功率计算和分析，文献[4]计算得到优化直流偏置电压后的储能电容电压表达式，为直流侧电容提供二倍低频脉动功率。

该方法能够有效地将脉动功率转移到储能电容上，但会在变换器中引入额外的低频脉动功率，例如：储能电容产生的 4 次脉动功率辐射到直流侧产生 4 次低频纹波电流，虽然对于燃料电池供电系统和 LED 驱动而言，其危害性可以忽略不计，但该纹波在级联变换器中将会对后级变换器的工作带来影响；同时，储能电容采用了正负半周具有相同储能性能的交流薄膜电容，而该方法中带有直流偏置的电容电压仅使用了正半周期，没有充分利用元器件的工作范围，故基于该解耦电路的控制方法和优化策略有待于进一步挖掘。

图 3.9 为文献[5]所提出的采用 DC/DC 升压电路(BOOST 解耦电路)构成功率解耦模块。它包含升压电感 L、两个全控器件 S_5 和 S_6、用于功率解耦的储能电容 C。如图 3.9 所示功率解耦方法的工作状态同样独立于单相高频整流器，不会依赖或影响整流器的正常工作，通过单独控制两只全控开关器件的开关状态为直流侧电容补偿二倍低频脉动功率，产生与直流母线电流中二倍低频纹波分量幅值相同、相位相差 180° 的谐波电流。该电路并联在直流母线上注入谐波电流的工作方式与无功补偿器的工作原理类似，通过检测母线上谐波电流注入反向电流。不同的是，该功率解耦装置并联在直流母线上即确定了其工作状态为正半周期，减少了开关元器件的数量(无功补偿器并联在交流母线上为四象限运行)。

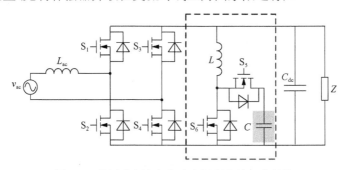

图 3.9 升压型交流电容功率解耦方法拓扑结构

BOOST 解耦电路中由于需要实现升压变换，电感不仅有平波和滤波功能，同样还有储能升压的作用，电感量较大，降低了变换器的功率密度，增加了磁芯损耗。同时，升压变换器中解耦电容上电压需要控制高于直流侧电容电压，不仅提高了解耦电容电压的功率等级，同时增加了解耦电路中全控开关器件的电压和电流应力，增加了系统的全寿命周期成本。

如图 3.10 所示为基于全桥高频整流器改进后的带有功率解耦功能的无电解电容整流器，该变换器中 $S_1 \sim S_2$ 桥臂和 $S_3 \sim S_4$ 桥臂为全桥变换器的桥臂，$S_5 \sim S_6$ 桥臂为添加的用于交流侧功率解耦的桥臂。L_1 和 L_2、C_1 和 C_2 为交流侧滤波电感和电容，一分为二，利用交流侧两只对称电感 L_1 和 L_2 作为升压储能电感，交流侧两只结构对称的串联电容 C_1 和 C_2 储存二倍低频脉动功率。尽管该电路中三个桥臂之间电流相互耦合，但控制策略相对独立。文献[6]中功率转移方法通过检测和抑制直流侧二倍低频纹波电流来实现，第一桥臂和第二桥臂按照传统调制方法实现单位功率因数的整流输出，通过单独控制第三桥臂的开关状态将交流侧脉动功率转移到两只串联电容中。

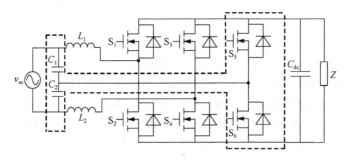

图 3.10　具有串联电容结构的无电解电容整流器拓扑结构

图 3.10 所示方法直流侧低频纹波抑制效果显著，能够将交流侧脉动功率在交流侧直接进行补偿，缩短了交流侧产生的脉动功率的流通路径，降低了部分元器件的电压和电流应力，并且该功率解耦电路充分利用原电路中的两只电感和桥臂构成脉动功率转移回路，减少了电感和全控器件的数量。然而，通过文献[6]中的电容电压波形可以看出，电容电压包含直流偏置、工频正弦交流电压和二倍低频纹波电压三种成分，电容电压应力较高，并且仅利用交流电容的正半周期，电容利用不够充分。其次，新添加的桥臂通过交流电容直接与交流电源相连接，将会给交流源引入多次谐波和电磁干扰，降低电能质量。

该方法利用差分对称原理将脉动功率在交流侧进行了抑制，为单相变换器功率解耦和谐波抑制提供了新的解决思路，后文将会针对具有差分特征的电路结构和功率解耦方法进行详细阐述。

在上述基础上，文献[7]提出在整流变换器中交流电源侧串联电容实现功率解耦的方法，如图 3.11 所示。该变换器中 $S_1 \sim S_2$ 桥臂和 $S_3 \sim S_4$ 桥臂为全桥变换器的桥臂，$S_5 \sim S_6$ 桥臂为添加的用于交流侧功率解耦的桥臂。图 3.11 中电容 C 为交流薄膜电容，电感 L 为储能电感。利用储能电感将新添加桥臂的中点和交流源的一端连接在一起，构成交流侧脉动功率补偿的流通路径。该解耦控制方法的控制思路简单，将串联交流电容的电压控制为交流正弦电压，产生交流侧所需要的全部二倍脉动功率便能够有效抑制直流侧二倍低频纹波电流。

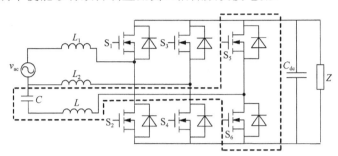

图 3.11　交流侧电容功率解耦拓扑结构

针对图 3.10 所示结构中交流侧两只串联电容的电路结构进行优化，只采用一只电容的结构如图 3.11 所示。此方法减小了交流电容的数量，将二倍低频脉动功率全部转移到一个交流薄膜电容中，并且，添加了储能电感，有效地对交流侧和直流侧进行隔离，削弱了高频谐波带来的电磁干扰问题。该电容串联在电路中，能够充分利用电容容量的正负半周，提高了电容的利用率。然而，该方法虽然减小了交流电容的数量，却增加了大容量电感，降低了变换器的功率密度。

以上采用交流电容储存脉动功率的研究成果的核心思路是将低频脉动功率从直流侧电容上转移到额外的有源滤波装置中的交流薄膜电容上，通过元器件复用的方式能够减小添加的全控器件或者储能元件的数量，有效提高变换器的功率密度，降低系统的全寿命周期成本。相比将脉动功率转移到额外的储能电感的方法而言，该系列方法采用的薄膜电容具有等效串联电阻小的优势，减小了解耦储能元件上的损耗，提高了变换器的效率，同时依然保持高可靠性。

3.4　典型电路结构的脉动功率抑制机理

3.4.1　直流侧的抑制机理

如图 3.12 所示为将转移脉动功率的电容置于在直流侧的典型电路结构，实现功率解耦。图 3.12 中，串联电容的中点连接到新添加桥臂的中点，由于脉动功率一般频率较低，小于 1000Hz，滤波电感上的压降很小，电感上功率相比于电容上的功率相比较小，在解耦控制时一般只需考虑电容上的瞬时功率。此时单个电容上的电压取决于开关管 S_5、S_6 的中点电势，串联电容的电压为直流母线上的电压。不对电容电压进行控制时，以串联电容的中点作为电容电压参考点，此时电容上的电压为

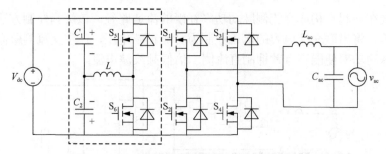

图 3.12　解耦电容置于直流侧的功率拓扑结构

$$
\begin{cases}
v_{C1} = \dfrac{1}{2} V_{dc} \\[2mm]
v_{C2} = -\dfrac{1}{2} V_{dc}
\end{cases}
\tag{3.14}
$$

电容 C_1 与电容 C_2 上的电压的差分为直流侧电压 V_{dc}，此时串联电容上功率为 0，无法转移交流侧脉动功率至电容上。通过控制开关管 S_5、S_6 在两个电容电压上同时加入波形控制函数 $F(t)$，如式(3.15)所示，通过控制函数 $F(t)$ 使电容上的功率与交流侧脉动功率之和为零，从而转移交流侧脉动功率。

$$
\begin{cases}
v_{C1}(t) = \dfrac{1}{2} V_{dc} + F(t) \\[2mm]
v_{C2}(t) = -\dfrac{1}{2} V_{dc} + F(t)
\end{cases}
\tag{3.15}
$$

此时串联电容上电压的差分仍为直流侧电压，可得流过电容上的电流为

$$
\begin{cases}
i_{C1}(t) = C_1 \dfrac{\mathrm{d} v_{C1}}{\mathrm{d} t} = C_1 F'(t) \\[2mm]
i_{C2}(t) = C_2 \dfrac{\mathrm{d} v_{C2}}{\mathrm{d} t} = C_2 F'(t)
\end{cases}
\tag{3.16}
$$

式中，$F'(t)$ 为波形控制函数 $F(t)$ 的导数，可得当两只电容的容值相同时，流过两只电容上的电流相同，均为 $CF'(t)$。由电容上的功率等于电压与电流瞬时值相乘，可得两只电容上的瞬时功率如式(3.17)所示：

$$
\begin{cases}
p_{C1}(t) = v_{C1}(t) i_{C1}(t) = \dfrac{1}{2} V_{dc} C F'(t) + C F'(t) F(t) \\[2mm]
p_{C2}(t) = v_{C2}(t) i_{C2}(t) = -\dfrac{1}{2} V_{dc} C F'(t) + C F'(t) F(t)
\end{cases}
\tag{3.17}
$$

式中，$p_{C1}(t)$、$p_{C2}(t)$ 分别为电容 C_1 和 C_2 的功率。

此时交流侧转移到电容上的脉动功率为两只电容上的功率之和。

$$p_C(t) = p_{C1}(t) + p_{C2}(t) = 2CF'(t)F(t) \tag{3.18}$$

当直流侧串联电容实现变换器功率解耦时，即交流侧产生的二倍频脉动功率完全转移到电容上，不对直流侧造成影响。此时串联的两只电容功率之和与交流侧产生的二倍脉动功率满足式 (3.19)：

$$p_{C1}(t) + p_{C2}(t) + p_{2\omega}(t) + p_{n\omega}(t) = 0 \tag{3.19}$$

当变换器交流侧输出电压电流都未发生畸变，交流侧无谐波干扰时，即谐波功率为 0，交流侧只存在二倍脉动功率 $p_{2\omega}(t)$。此时转移二倍脉动功率成分，将式 (3.17)、式 (3.18) 与 $p_{n\omega}(t) = 0$ 代入式 (3.19) 可得

$$2CF'(t)F(t) - V_{\max}I_{\max}\cos(2\omega t + \varphi_0)/2 = 0 \tag{3.20}$$

求解式 (3.20) 所示的方程，求得表达式为

$$F(t) = \sqrt{A_1\sin(2\omega t + \varphi_0) + 2d} \tag{3.21}$$

式中，d 为积分常数，A_1 为电容上二倍脉动幅值，对式 (3.21) 变形得

$$F(t) = \sqrt{A_1 - 2A_1\sin^2\left(\omega t + \frac{\varphi_0}{2} + \frac{\pi}{4}\right) + 2d} \tag{3.22}$$

令积分常数 d 为

$$d = \frac{A_1}{2} \tag{3.23}$$

将 d 值代入式 (3.22)，可得到 $F(t)$ 表达式为

$$F(t) = B_1\sin(\omega t + \theta_1) \tag{3.24}$$

式中

$$B_1 = \sqrt{\frac{V_{\max}I_{\max}}{4\omega C}} \tag{3.25}$$

$$\theta_1 = \frac{\varphi_0}{2} - \frac{\pi}{4} \tag{3.26}$$

将式(3.24)代入式(3.15)中可得电容电压表达式为

$$
\begin{cases}
v_{C1}(t) = \dfrac{1}{2}V_{dc} + B_1 \sin(\omega t + \theta_1) \\
v_{C2}(t) = -\dfrac{1}{2}V_{dc} + B_1 \sin(\omega t + \theta_1)
\end{cases}
\tag{3.27}
$$

将直流侧串联的两只电容电压进行控制，当电容电压为式(3.27)所示时，交流侧功率中的二倍脉动功率将完全转移至电容上，此时变换器直流侧功率只需平衡交流侧直流功率部分。当直流侧功率恒定时，直流侧电压、电流中不再含有低频纹波成分，串联电容可起到直流侧电容的作用，且系统在无需大容量的直流侧电容下实现了功率解耦。但此时串联的两个电容上都有直流偏置成分，电容量利用不充分。

3.4.2　交流侧的抑制机理

解耦电容置于交流侧的功率拓扑结构如图 3.10 所示。串联电容的两端与变换器交流侧相接，电容中点与新添加桥臂的中点相连接，由于电感压降较小，忽略电感上的瞬时功率。在不通过开关管 S_5、S_6 对电容电压进行控制时，以串联电容的中点作为电容电压参考点，此时电容上的电压为

$$
\begin{cases}
v_{C1}(t) = \dfrac{1}{2}V_{max} \sin \omega t \\
v_{C2}(t) = -\dfrac{1}{2}V_{max} \sin \omega t
\end{cases}
\tag{3.28}
$$

电容 C_1 与电容 C_2 上的电压的差分为交流侧的电压，电容上的电压随交流电压变化而变化。此时串联电容上功率与交流侧脉动功率同相位，无法转移交流侧脉动功率至电容上。通过控制开关管 S_5、S_6 在两个电容电压上同时加入波形控制函数 $F(t)$，使电容上的功率与交流侧脉动功率之和为零，从而转移交流侧脉动功率。添加波形控制函数后的两只电容电压为

$$
\begin{cases}
v_{C1}(t) = \dfrac{1}{2}V_{max} \sin \omega t + F(t) \\
v_{C2}(t) = -\dfrac{1}{2}V_{max} \sin \omega t + F(t)
\end{cases}
\tag{3.29}
$$

电容上的电流由电容上的电压决定，通过 $i_C = C\dfrac{dv_C}{dt}$ 可得流过电容上的电流为

$$\begin{cases} i_{C1}(t) = C_1 \dfrac{dv_{C1}(t)}{dt} = \dfrac{1}{2}C_1\omega V_{max}\cos\omega t + C_1 F'(t) \\[3mm] i_{C2}(t) = C_2 \dfrac{dv_{C2}(t)}{dt} = -\dfrac{1}{2}C_2\omega V_{max}\cos\omega t + C_2 F'(t) \end{cases} \tag{3.30}$$

式中，令两只电容的容值相等，此时电容电流中含有相同成分。由电容上的功率等于电压与电流瞬时值相乘，可得两只电容上的瞬时功率如式(3.31)所示。

$$\begin{cases} p_{C1}(t) = v_{C1}(t)i_{C1}(t) = \left[\dfrac{1}{2}V_{max}\sin\omega t + F(t)\right] \times \left[\dfrac{1}{2}C\omega V_{max}\cos\omega t + CF'(t)\right] \\[3mm] p_{C2}(t) = v_{C2}(t)i_{C2}(t) = \left[\dfrac{1}{2}V_{max}\sin\omega t + F(t)\right] \times \left[\dfrac{1}{2}C\omega V_{max}\cos\omega t + CF'(t)\right] \end{cases} \tag{3.31}$$

化简式(3.31)，两只电容上的功率为所转移至电容上的脉动功率，求得两只电容上的功率和为

$$p_C(t) = p_{C1}(t) + p_{C2}(t) = \dfrac{1}{4}\omega C V_{max}^2 \sin 2\omega t + 2CF'(t)F(t) \tag{3.32}$$

当变换器交流侧无谐波功率，串联的两只电容功率之和与交流侧产生的二倍脉动功率满足

$$p_{C1}(t) + p_{C2}(t) + p_{2\omega}(t) = 0 \tag{3.33}$$

脉动功率认为被完全转移至电容上，从而实现功率解耦。

求解波形控制函数 $F(t)$，将式(3.32)代入式(3.33)可得

$$\dfrac{1}{4}\omega C V_{max}^2 \sin 2\omega t + 2CF'(t)F(t) - V_{max}I_{max}\cos(2\omega t + \varphi_0)/2 = 0 \tag{3.34}$$

求解式(3.34)所示的方程，通过微分方程求得 $F(t)$ 表达式与串联电容在直流侧时基本一致，多了电容上交流成分的脉动功率 $1/4\omega C V_{max}^2 \sin 2\omega t$ 为

$$F(t) = \sqrt{A_2\sin(2\omega t + \varphi) + 2d} \tag{3.35}$$

式中，A_2 为电容上交流成分的脉动功率与交流端二倍脉动功率的幅值之和。对式(3.35)配方变形得到 $F(t)$ 表达式为

$$F(t) = B_2\sin(\omega t + \theta_2) \tag{3.36}$$

式中

$$B_2 = \sqrt[4]{\frac{V_{\max}^2}{16\omega^2 C^2}[(2I_{\max}\cos\varphi_0)^2 + (C\omega V_{\max} + 2I_{\max}\sin(-\varphi_0))^2]} \tag{3.37}$$

$$\theta_2 = \frac{1}{2}\left\{\arctan\left[\frac{2I_{\max}\cos\varphi_0}{2I_{\max}\sin(-\varphi_0) + C\omega V_{\max}} - \pi\right]\right\} \tag{3.38}$$

将式 (3.36) 代入式 (3.29) 中可得电容电压表达式为

$$\begin{cases} v_{C1}(t) = \dfrac{1}{2}V_{\max}\sin\omega t + B_2\sin(\omega t + \theta_2) \\[2mm] v_{C2}(t) = -\dfrac{1}{2}V_{\max}\sin\omega t + B_2\sin(\omega t + \theta_2) \end{cases} \tag{3.39}$$

当电容电压为式 (3.39) 所示时，交流侧中的二倍脉动功率将完全转移至电容上，此时变换器交流侧的直流功率由直流侧提供，有效降低了直流侧电容的容值，实现变换器的功率解耦。

3.5 脉动功率的流通路径分析

由于高频逆变器为开关电源系统，逆变器 H 桥上开关管处于开关状态，期望只有开通和关断两种状态，其开关损耗较小，故忽略开关管上损耗，通过功率解耦环节，实现逆变器中直流侧与交流侧功率平衡。

3.5.1 情形一：无源电容方案

当逆变器中不加入功率解耦控制，此时逆变器上交流侧瞬时功率为交流侧各元件的瞬时功率与负载的瞬时功率和，其值为

$$p_{\mathrm{ac}}(t) = p_Z(t) + p_C(t) + p_{L\mathrm{ac}}(t) \tag{3.40}$$

式中，$p_Z(t)$ 为负载的瞬时功率；$p_{L\mathrm{ac}}(t)$ 为交流测电感的瞬时功率。

化简式 (3.40)，可知交流侧瞬时功率可化简为直流功率加上二倍工频脉动功率的形式，即

$$\begin{aligned} p_{\mathrm{ac}}(t) &= v_{\mathrm{ac}}(t)i_{\mathrm{ac}}(t) + p_C(t) + p_{L\mathrm{ac}}(t) \\ &= \frac{V_{\max}I_{\max}}{2}\cos\varphi - \frac{V_{\max}I_{\max}}{2}\cos(2\omega t + \varphi) + \frac{C\omega V_{\max}^2\sin 2\omega t}{4} \\ &\quad + I_{\max}^2 L_{\mathrm{ac}}\omega\sin(2\omega t + 2\varphi) - \frac{C^2 L_{\mathrm{ac}}\omega^3 V_{\max}^2\sin 2\omega t}{4} - C I_{\max}L_{\mathrm{ac}}\omega^2 V_{\max}\cos(2\omega t + \varphi) \end{aligned}$$

$$\tag{3.41}$$

由于脉动功率频率较低，为简化计算可忽略电感上瞬时功率，得

$$p_{\mathrm{ac}}(t) = \frac{V_{\max} I_{\max}}{2} \cos\varphi - \frac{V_{\max} I_{\max}}{2} \cos(2\omega t + \varphi) + \frac{C\omega V_{\max}^2 \sin 2\omega t}{4} \quad (3.42)$$

逆变器直流侧功率为直流源输入的瞬时功率与直流侧电容上的瞬时功率和为

$$p_{\mathrm{dc}}(t) = p_{\mathrm{in}}(t) + p_{C\mathrm{dc}}(t) \quad (3.43)$$

式中，$p_{\mathrm{in}}(t)$ 为直流源输入的瞬时功率；$p_{C\mathrm{dc}}(t)$ 为直流侧电容上的瞬时功率。

一般逆变器设计在有直流侧电容时，电容上电压等于直流侧输入电压。由电容上瞬时功率表达式可知，若有脉动功率流过电容时，其电容上电压一定不会为恒定的电压值。所以在使用直流侧电容进行逆变器功率解耦时，逆变器功率解耦不完全。电容上电压如下式所示。

$$v_{C\mathrm{dc}}(t) = V_{C\mathrm{dc}} + v_{C\mathrm{rip}}(t) \quad (3.44)$$

式中，$v_{C\mathrm{dc}}(t)$ 为直流侧电容的电压；$V_{C\mathrm{dc}}$ 为直流侧电压的平均值；$v_{C\mathrm{rip}}(t)$ 为直流侧电容的纹波电压。

若设直流源输入电流 i_{dc} 不变，可得直流侧输入功率表达式为

$$p_{\mathrm{dc}}(t) = i_{\mathrm{dc}}\left[V_{C\mathrm{dc}} + v_{C\mathrm{rip}}(t)\right] + Cv'_{C\mathrm{rip}}(t)\left[v_{C\mathrm{dc}} + v_{C\mathrm{rip}}(t)\right] \quad (3.45)$$

式中，$v'_{C\mathrm{rip}}$ 为电容纹波电压的导数。

由于在逆变器设计时一般输入电压幅值远大于输入电流，选取直流侧电容保持直流侧输入电压波动较小，即幅值较小。易得在逆变器不加功率解耦时，直流侧瞬时功率中最大的脉动功率成分为电容上的功率成分。此时直流侧脉动功率大部分流过直流侧电容。根据逆变器两侧功率平衡，可知脉动功率由直流侧电容及直流源提供。此时脉动功率在逆变器中的流通路径如图 3.13 虚线所示。

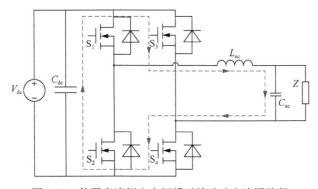

图 3.13　使用直流侧电容解耦时脉动功率流通路径

3.5.2　情形二：直流侧有源电容方案

当逆变器加入解耦电容在直流侧的功率解耦控制方法时，逆变器上交流侧瞬时功率与逆变器使用直流侧电容解耦时相同，交流侧瞬时功率值仍为

$$p_{ac}(t) = p_Z(t) + p_{C1}(t) + p_{C2}(t) + p_{Lac}(t) \tag{3.46}$$

由式 (3.46) 可知，交流侧瞬时功率表达式最终可化简为直流功率与二倍脉动功率之和。

逆变器直流侧功率为直流源输入的瞬时功率与串联解耦电容上的瞬时功率和为

$$p_{dc}(t) = p_{in}(t) + p_{C1}(t) + p_{C2}(t) \tag{3.47}$$

在加入功率解耦控制后，将电容电压代入式 (3.47)，可得此时的直流侧瞬时功率为

$$p_{dc}(t) = p_{in}(t) - \frac{V_{max} I_{max}}{2} \cos(2\omega t + \varphi) \tag{3.48}$$

通过分析逆变器直流侧与交流侧的功率表达式，可发现逆变器直流侧脉动功率成分与交流侧脉动功率成分相同，脉动功率成分达到了功率平衡。直流输入功率仅为交流侧直流功率值，此时直流源输入为恒定的电压、电流，逆变器实现了功率解耦。根据逆变器两侧脉动功率与直流功率的功率平衡，可知交流侧的脉动功率流经开关管，完全转移至了直流侧解耦电容上，不再影响直流源，此时脉动功率流通路径如 3.14 虚线所示。

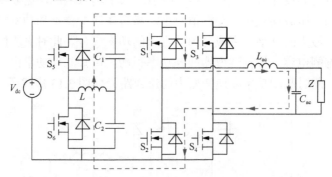

图 3.14　解耦电容在直流侧时脉动功率流通路径

3.5.3　情形三：交流侧有源电容方案

当逆变器加入解耦电容在交流侧的功率解耦控制方法时，串联解耦电容取代逆变器交流侧 *LC* 滤波器中滤波电容。在加入解耦控制后，两只解耦电容上电压

不再为输出交流电压的一半，电容上瞬时功率随电压改变而改变。此时交流侧瞬时功率值为

$$p_{ac}(t) = p_Z(t) + p_{C1}(t) + p_{C2}(t) + p_{Lac}(t) \tag{3.49}$$

经过解耦控制后，可认为直流侧输入电压保持不变。得到直流侧电容瞬时功率为零，直流侧功率仅为直流源输入瞬时功率。

$$p_{dc}(t) = p_{in}(t) \tag{3.50}$$

由于电感上流过电流为工频电流，电感上功率较小，所以为简便计算可忽略电感上瞬时功率，只保留输出负载瞬时功率与电容上的瞬时功率。代入 $p_{C1}(t) + p_{C2}(t)$，可得解耦电容上瞬时功率为

$$p_C(t) = v_{C1}(t) \cdot C \frac{\mathrm{d}v_{C1}(t)}{\mathrm{d}t} + v_{C2}(t) \cdot C \frac{\mathrm{d}v_{C2}(t)}{\mathrm{d}t} = \frac{V_{\max}I_{\max}}{2}\cos(2\omega t + \varphi) \tag{3.51}$$

此时交流侧功率为

$$p_{ac}(t) = \frac{V_{\max}I_{\max}}{2} - \frac{V_{\max}I_{\max}}{2}\cos(2\omega t + \varphi) + \frac{V_{\max}I_{\max}}{2}\cos(2\omega t + \varphi) \tag{3.52}$$

化简式(3.52)，可得在经过解耦控制后交流侧的瞬时功率为

$$p_{ac}(t) = \frac{V_{\max}I_{\max}}{2} \tag{3.53}$$

可知交流侧瞬时功率表达式最终化简为一个恒定的直流功率，负载上的二倍脉动功率与两只解耦电容上的二倍脉动功率相抵消，此时逆变器直流侧仅需输入一个恒定的直流功率平衡交流侧瞬时功率，逆变器达到了完全功率解耦。此时可认为负载上的脉动功率通过开关管转移到了串联解耦电容上，脉动功率流通路径如图 3.15 所示。

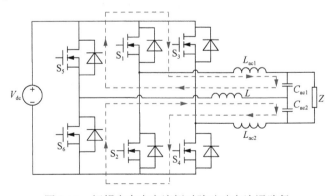

图 3.15　解耦电容在交流侧时脉动功率流通路径

3.6　单相变换器电压电流应力分析

在变换器设计中，变换器中元件的选型主要根据其在电路中所承受的最大电压应力与电流应力。通过上一小节的分析，可发现各功率解耦技术均改变了逆变器中脉动功率的流通路径。因为变换器内部的瞬时功率是由元件上的瞬时电压与流过元件的瞬时电流的乘积体现，所以在单相变换器中加入功率解耦方法消减直流侧脉动功率，改善直流侧电容可靠性的同时，势必会对变换器中各元件上的电压、电流应力造成不同的影响。若元件仍按变换器中原电压电流应力进行选型，在加入功率解耦技术后可能反而会对变换器的安全稳定运行带来不良影响。

因此，本节重点研究所对比的两种单相逆变器解耦方法在转移逆变器中脉动功率的同时，其解耦控制给电路中各元件上应力带来的变化。针对逆变器在未加入功率解耦方法及加入功率解耦方法的不同条件下，对逆变器中开关管、电感及电容上电压应力、电流应力展开计算。

根据图 3.15 所示，逆变器交流侧串联电容两端电压等于交流输出电压。此时负载中电流为与输出电压同相位的基波电流，其表达式为

$$i_{ac}(t) = \frac{v_{ac}(t)}{Z} = \frac{V_{max}}{Z} \sin \omega t = I_{max} \sin \omega t \tag{3.54}$$

电容上的瞬时电流值只与电容的容值和电压变化率有关

$$i_C(t) = C \frac{dv_C(t)}{dt} \tag{3.55}$$

因为分立交流滤波元件，交流滤波为电容 C_1、C_2 为串联形式。若认为电容中点为电容电压参考点，所以电容上电流表达式为

$$i_{C1}(t) = -i_{C2}(t) \tag{3.56}$$

交流侧电感上的电流值为流过电容上的电流与流过负载的电流之和，电感 L_{ac1}、L_{ac2} 上电流表达式为

$$\begin{cases} i_{Lac1}(t) = i_{ac}(t) - i_{C1}(t) \\ i_{Lac2}(t) = i_{ac}(t) + i_{C2}(t) \end{cases} \tag{3.57}$$

通过式(3.56)和式(3.57)，可以看出未加入解耦控制时电感 L_{ac1}、L_{ac2} 上电流相等。

逆变器运行状态可认为不受功率解耦策略影响，可知逆变器中 H 桥在一个周期内只有两种开关状态，此时逆变器中 H 桥上开关管 $S_1 \sim S_4$ 流过的电流及所承受的电压如表 3.1 所示。

表 3.1　单相全桥逆变器 2 种开关状态下流过开关管的电流

开关管		S_1	S_2	S_3	S_4
开关状态 1	电流	i_{Lac1}	0	0	i_{Lac2}
	电压	0	V_{dc}	V_{dc}	0
开关状态 2	电流	0	$-i_{Lac1}$	$-i_{Lac2}$	0
	电压	V_{dc}	0	0	V_{dc}

根据表 3.1，认为在逆变器正常运行时，其交流滤波电感上电流连续，根据每个开关管一个工频周期内的占空比表达式，可分别得出在一个工频周期中，流过开关管 S_1、S_2、S_3、S_4 的电流为

$$\begin{cases} i_{S1}(t) = D_{14}(t) \cdot i_{Lac1}(t) \\ i_{S2}(t) = D_{23}(t) \cdot [-i_{Lac1}(t)] \\ i_{S3}(t) = D_{23}(t) \cdot [-i_{Lac2}(t)] \\ i_{S4}(t) = D_{14}(t) \cdot i_{Lac2}(t) \end{cases} \tag{3.58}$$

式中，$D_{14}(t)$ 为开关管 S_1 和 S_4 的占空比；$D_{23}(t)$ 为开关管 S_2 和 S_3 的占空比。

当逆变器中加入功率解耦方法后，可知每只解耦电容上电压由控制桥臂上 S_5、S_6 的开关状态所决定。当认为电容上电压的参考点为电容中点时，解耦电路中滤波电感 L 上电流为

$$i_L(t) = i_{C1}(t) + i_{C2}(t) \tag{3.59}$$

根据式 (3.58)，可知解耦电路在一个周期内有通断开关状态，此时解耦电路中开关管 S_5、S_6 流过的电流及所承受的电压如表 3.2 所示。

表 3.2　单相全桥逆变器 2 种开关状态下流过开关管的电流

开关管		S_5	S_6
开关状态 1	i_S	i_L	0
	v_S	0	V_{dc}
开关状态 2	i_S	0	i_L
	v_S	V_{dc}	0

根据每个开关管一个工频周期内的占空比表达式，可分别得出在一个工频周期中，流过开关管 S_5、S_6 的电流为

$$\begin{cases} i_{S5}(t) = D_5(t) \cdot i_L(t) \\ i_{S6}(t) = D_6(t) \cdot i_L(t) \end{cases} \tag{3.60}$$

式中，$D_5(t)$ 为开关管 S_5 的占空比；$D_6(t)$ 为开关管 S_6 的占空比。

3.6.1 情形一：接入无源电容

根据图 3.13，当逆变器中不加入脉动功率解耦策略时，此时可得交流侧串联滤波电容上电压、电流为

$$\begin{cases} v_{Cac}(t) = V_{\max} \sin \omega t \\ i_{Cac}(t) = \mathrm{d}V_{Cac}(t) / \mathrm{d}t = \omega C_{ac} V_{\max} \cos \omega t \end{cases} \tag{3.61}$$

可得电感上电流为

$$i_{Lac}(t) = i_{ac}(t) - i_{Cac}(t) = I_{\max} \sin \omega t - \omega C_{ac} V_{\max} \cos \omega t \tag{3.62}$$

根据电感上电流表达式，可计算出电感上电压为

$$v_{Lac}(t) = L_{ac}\left(I_{\max}\omega \cos \omega t + \frac{1}{2}\omega^2 C_{ac} V_{\max} \sin \omega t \right) \tag{3.63}$$

各开关管上电流为

$$i_{S1}(t) = D_{14}(t) \cdot i_{Lac1}(t) = \frac{1}{2}\left(1 + \frac{V_{\max}}{V_{dc}}\sin \omega t\right) \cdot \left(I_{\max}\sin \omega t - \frac{1}{2}\omega C V_{\max}\cos \omega t \right)$$

$$= \frac{I_{\max}\sin \omega t}{2} - \frac{C\omega V_{\max}\cos \omega t}{4} + \frac{V_{\max}I_{\max}(\sin \omega t)^2}{2V_{dc}} - \frac{C\omega V_{\max}^2 \sin \omega t \cdot \cos \omega t}{4V_{dc}} \tag{3.64}$$

同理可得

$$i_{S2}(t) = D_{23}(t) \cdot [-i_{Lac1}(t)] = \frac{1}{2}\left(1 - \frac{V_{\max}}{V_{dc}}\sin \omega t\right) \cdot \left[-\left(I_{\max}\sin \omega t - \frac{1}{2}\omega C V_{\max}\cos \omega t \right) \right]$$

$$= -\frac{I_{\max}\sin \omega t}{2} + \frac{C\omega V_{\max}\cos \omega t}{4} + \frac{V_{\max}I_{\max}(\sin \omega t)^2}{2V_{dc}} - \frac{C\omega V_{\max}^2 \sin \omega t \cdot \cos \omega t}{4V_{dc}} \tag{3.65}$$

$$i_{S3}(t) = D_{23}(t) \cdot [-i_{Lac2}(t)] = \frac{1}{2}\left(1 - \frac{V_{\max}}{V_{dc}}\sin \omega t\right) \cdot \left[-\left(I_{\max}\sin \omega t - \frac{1}{2}\omega C V_{\max}\cos \omega t \right) \right]$$

$$= -\frac{I_{\max}\sin \omega t}{2} + \frac{C\omega V_{\max}\cos \omega t}{4} + \frac{V_{\max}I_{\max}(\sin \omega t)^2}{2V_{dc}} - \frac{C\omega V_{\max}^2 \sin \omega t \cdot \cos \omega t}{4V_{dc}} \tag{3.66}$$

$$i_{S4}(t) = D_{14}(t) \cdot i_{Lac2}(t) = \frac{1}{2}\left(1 + \frac{V_{\max}}{V_{dc}}\sin\omega t\right) \cdot \left(I_{\max}\sin\omega t - \frac{1}{2}\omega C V_{\max}\cos\omega t\right)$$

$$= \frac{I_{\max}\sin\omega t}{2} - \frac{C\omega V_{\max}\cos\omega t}{4} + \frac{V_{\max}I_{\max}(\sin\omega t)^2}{2V_{dc}} - \frac{C\omega V_{\max}^2\sin\omega t \cdot \cos\omega t}{4V_{dc}}$$

$$(3.67)$$

此时一个工频周期内逆变器内各开关管上电流以及直流侧、交流侧的电流波形如图 3.16 所示。

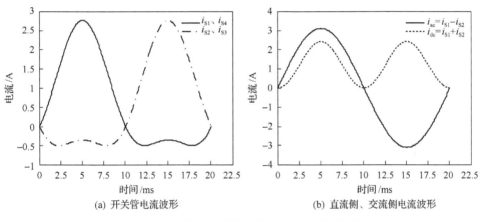

(a) 开关管电流波形　　　　　　　　　　(b) 直流侧、交流侧电流波形

图 3.16　开关管上及逆变器输入输出电流波形

3.6.2　情形二：接入有源电容

根据图 3.14，脉动功率解耦电容在逆变器直流侧时，功率解耦控制不对逆变器交流侧产生影响。此时逆变器 H 桥及交流侧脉动功率流通路径未发生改变，H 桥中开关管 $S_1 \sim S_4$ 及交流侧滤波元件上的电压、电流应力与未加功率解耦方法时电压、电流应力相同。

根据解耦电容上电压的表达式可推得解耦电容上的电流为

$$\begin{cases} i_{C1}(t) = C\dfrac{\mathrm{d}v_{C1}(t)}{\mathrm{d}t} = \omega C B_1\cos(\omega t + \theta_1) \\[2mm] i_{C2}(t) = C\dfrac{\mathrm{d}v_{C2}(t)}{\mathrm{d}t} = \omega C B_1\cos(\omega t + \theta_1) \end{cases} \qquad (3.68)$$

此时可得解耦电容上的电压、电流波形如图 3.17 所示。

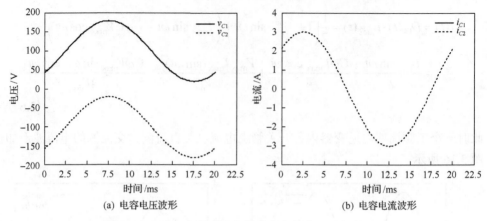

(a) 电容电压波形　　　　　　　(b) 电容电流波形

图 3.17　一个工频周期内解耦电容上的电压、电流波形

波形控制桥臂上开关管的电流为

$$i_{S5}(t) = D_5(t) \cdot i_L(t) = 2 \times \left[\frac{1}{2} - \frac{B_1}{V_{dc}} \sin(\omega t + \theta_1) \right] \omega C B_1 \cos(\omega t + \theta_1) \quad (3.69)$$

$$i_{S6}(t) = D_6(t) \cdot i_L(t) = 2 \times \left[\frac{1}{2} + \frac{B_1}{V_{dc}} \sin(\omega t + \theta_1) \right] \omega C B_1 \cos(\omega t + \theta_1) \quad (3.70)$$

此时一个工频周期内逆变器内解耦电路上各元件的电流波形如图 3.18 所示。

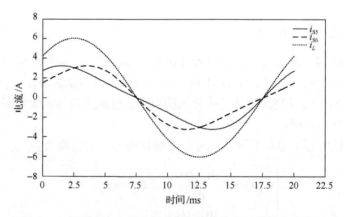

图 3.18　解耦电容在直流侧时解耦电路上各元件的电流波形

如图 3.15 所示，当脉动功率解耦电容在逆变器交流侧时，功率解耦电容取代了逆变器交流侧的滤波电容。此时逆变器内脉动功率流通路径发生改变，根据此时解耦电容上电压的表达式可推得解耦电容上的电流为

$$\begin{cases} i_{C1}(t) = C\dfrac{\mathrm{d}v_{C1}(t)}{\mathrm{d}t} = \dfrac{1}{2}\omega CV_{\max}\cos\omega t + \omega CB_1\cos(\omega t + \theta_1) \\ i_{C2}(t) = C\dfrac{\mathrm{d}v_{C2}(t)}{\mathrm{d}t} = -\dfrac{1}{2}\omega CV_{\max}\cos\omega t + \omega CB_1\cos(\omega t + \theta_1) \end{cases} \tag{3.71}$$

此时可得解耦电容上的电压、电流波形如图 3.19 所示。

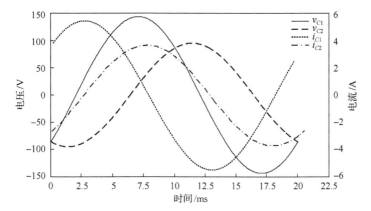

图 3.19　解耦电容在交流侧时解耦电容上电压、电流波形

根据式 (3.57)，此时可得电感上电流为

$$\begin{cases} i_{Lac1} = I_{\max}\sin\omega t - \dfrac{1}{2}\omega CV_{\max}\cos\omega t - \omega CB_1\cos(\omega t + \theta_1) \\ i_{Lac2} = I_{\max}\sin\omega t - \dfrac{1}{2}\omega CV_{\max}\cos\omega t + \omega CB_1\cos(\omega t + \theta_1) \end{cases} \tag{3.72}$$

根据电感上电流表达式，可计算出电感上电压。此时电感上电压电流波形如图 3.20 所示。

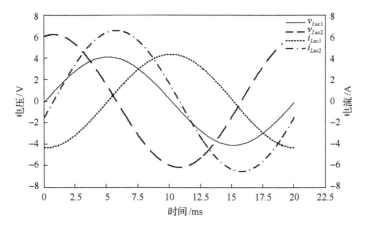

图 3.20　解耦电容在交流侧时解耦电感上电压、电流波形

各开关管上电流为

$$i_{S1}(t) = D_{14}(t) \cdot i_{Lac1}(t)$$
$$= \left(\frac{1}{2} + \frac{V_{\max}}{2V_{dc}}\sin\omega t\right)\left[I_{\max}\sin\omega t - \frac{1}{2}\omega CV_{\max}\cos\omega t - \frac{1}{2}\omega CB_1\cos(\omega t + \theta_1)\right]$$

$$(3.73)$$

$$i_{S2}(t) = D_{23}(t) \cdot [-i_{Lac1}(t)]$$
$$= \left(\frac{1}{2} - \frac{V_{\max}}{2V_{dc}}\sin\omega t\right)\left[-I_{\max}\sin\omega t + \frac{1}{2}\omega CV_{\max}\cos\omega t + \frac{1}{2}\omega CB_1\cos(\omega t + \theta_1)\right]$$

$$(3.74)$$

$$i_{S3}(t) = D_{23}(t) \cdot [-i_{Lac2}(t)]$$
$$= \left(\frac{1}{2} - \frac{V_{\max}}{2V_{dc}}\sin\omega t\right)\left[-I_{\max}\sin\omega t + \frac{1}{2}\omega CV_{\max}\cos\omega t - \frac{1}{2}\omega CB_1\cos(\omega t + \theta_1)\right]$$

$$(3.75)$$

$$i_{S4}(t) = D_{14}(t) \cdot i_{Lac2}(t)$$
$$= \left(\frac{1}{2} + \frac{V_{\max}}{2V_{dc}}\sin\omega t\right)\left[I_{\max}\sin\omega t - \frac{1}{2}\omega CV_{\max}\cos\omega t + \frac{1}{2}\omega CB_1\cos(\omega t + \theta_1)\right]$$

$$(3.76)$$

$$i_{S5}(t) = D_5(t) \cdot i_L(t) = 2\times\left[\frac{1}{2} - \frac{B_2}{V_{dc}}\sin(\omega t + \theta_2)\right]\left[\omega CB_1\cos(\omega t + \theta_1)\right] \quad (3.77)$$

$$i_{S6}(t) = D_6(t) \cdot i_L(t) = 2\times\left[\frac{1}{2} + \frac{B_2}{V_{dc}}\sin(\omega t + \theta_2)\right]\left[\omega CB_1\cos(\omega t + \theta_1)\right] \quad (3.78)$$

此时，一个工频周期内逆变器内各开关管上电流波形如图 3.21 所示。

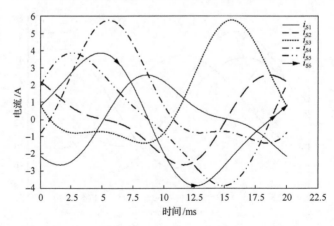

图 3.21　解耦电容在交流侧时各开关管上电流波形

综上所述，可以发现，当解耦电容在直流侧时，解耦控制不影响逆变器各元件的电压、电流应力；当解耦电容在交流侧时，解耦控制改变了逆变器各元件上原有的电压、电流应力。

3.6.3　变换器的元器件损耗对比

通过以上的电应力分析，可以发现，各功率解耦技术在改变了逆变器中脉动功率的流通路径的同时，也相应改变了变换器中部分元件上的电压、电流应力。由于在一个工频周期内，各元件上电压、电流为随时间而变化的值，若仅分析在加入功率解耦方法前后，变换器元件上的最大电压、电流应力，则无法得出变换器的实际运行状态。

因此，本节重点研究逆变器在加入两种单相逆变器解耦方法前后，逆变器上损耗的变化。根据逆变器在一个工频周期内各元件上电压、电流值，结合具体器件的损耗模型，具体计算逆变器在加入两种功率解耦方法时逆变器系统的损耗变化。

从逆变器系统组成元件角度，可将系统损耗分为 3 类。

(1) 半导体器件损耗，一般认为开关管的损耗主要包括通态损耗 P_{Scon}、开关损耗 P_{Ssw} 及开关管结电容损耗 P_{Scoss}。可得开关管损耗 P_{Sloss} 计算公式为

$$P_{\mathrm{Sloss}} = P_{\mathrm{Scon}} + P_{\mathrm{Ssw}} + P_{\mathrm{Scoss}} \tag{3.79}$$

导通损耗表示为

$$P_{\mathrm{Scon}} = u_{\mathrm{DS}} \cdot i_{\mathrm{D}}(t) = R_{\mathrm{DSon}} I_{\mathrm{DS}}^2(t) \tag{3.80}$$

式中，$i_{\mathrm{D}}(t)$ 为开关管导通时的漏极电流；u_{DS} 为通态压降；R_{DSon} 为开关管的通态电阻。开关损耗可以表示为

$$P_{\mathrm{Ssw}} = f_{\mathrm{sw}}(E_{\mathrm{Son}} + E_{\mathrm{Soff}}) \tag{3.81}$$

式中，f_{sw} 为开关管的开关频率；E_{Son} 为开关管开通一次的损耗；E_{Soff} 为开关管关断一次的损耗。

$$P_{\mathrm{Scoss}} = \frac{1}{4} f_{\mathrm{sw}} C_{\mathrm{oss}} U_{\mathrm{DS}}^2 \tag{3.82}$$

式中，C_{oss} 为开关管结电容；U_{DS} 为开关管关断压降。

可见开关管损耗主要与流过开关管的电流与开关管上关断压降有关，将开关管电流代入开关管损耗的表达式可得一个工频周期内开关管上损耗为

$$\begin{cases} W_{S1} = R_{DSon} \cdot \int_0^{\frac{2\pi}{\omega}} i_{S1}^2(t)\mathrm{d}t + (E_{Son} + E_{Soff} + \dfrac{1}{4}C_{oss}U_{DS}^2) \cdot f_{sw} \\[2mm] W_{S2} = R_{DSon} \cdot \int_0^{\frac{2\pi}{\omega}} i_{S2}^2(t)\mathrm{d}t + (E_{Son} + E_{Soff} + \dfrac{1}{4}C_{oss}U_{DS}^2) \cdot f_{sw} \\[2mm] W_{S3} = R_{DSon} \cdot \int_0^{\frac{2\pi}{\omega}} i_{S3}^2(t)\mathrm{d}t + (E_{Son} + E_{Soff} + \dfrac{1}{4}C_{oss}U_{DS}^2) \cdot f_{sw} \\[2mm] W_{S4} = R_{DSon} \cdot \int_0^{\frac{2\pi}{\omega}} i_{S4}^2(t)\mathrm{d}t + (E_{Son} + E_{Soff} + \dfrac{1}{4}C_{oss}U_{DS}^2) \cdot f_{sw} \\[2mm] W_{S5} = R_{DSon} \cdot \int_0^{\frac{2\pi}{\omega}} i_{S5}^2(t)\mathrm{d}t + (E_{Son} + E_{Soff} + \dfrac{1}{4}C_{oss}U_{DS}^2) \cdot f_{sw} \\[2mm] W_{S6} = R_{DSon} \cdot \int_0^{\frac{2\pi}{\omega}} i_{S6}^2(t)\mathrm{d}t + (E_{Son} + E_{Soff} + \dfrac{1}{4}C_{oss}U_{DS}^2) \cdot f_{sw} \end{cases} \tag{3.83}$$

(2) 电容损耗，该损耗主要为电流流过电容上寄生电阻的损耗。

$$P_{Closs} = \sum (I_{Crms}^2 \cdot ESR_j) \tag{3.84}$$

式中，I_{Crms} 为电容电流的有效值；ESR_j 为电容的寄生电阻在各个频率下的阻值。

　　由于在开关电路中，电流所含的频率成分较多，所以实际计算中，往往只需考虑占主要电流成分的频率点。由上节可知在低频域，解耦电容上流过的电流主要为工频电流，将电容上电流表达式代入电容损耗公式可得一个工频周期内电容上损耗为

$$\begin{cases} W_{C1} = ESR_{C1} \int_0^{\frac{2\pi}{\omega}} i_{C1}^2(t)\mathrm{d}t \\[2mm] W_{C2} = ESR_{C2} \int_0^{\frac{2\pi}{\omega}} i_{C2}^2(t)\mathrm{d}t \end{cases} \tag{3.85}$$

式中，ESR_{C1}、ESR_{C2} 分别为电容 C_1 和 C_2 在工频下的内阻。

　　(3) 磁性元件损耗，该损耗主要包括感性器件的铁损及铜损。

$$P_{Lloss} = P_{Fe} + P_{Cu} \tag{3.86}$$

式中，P_{Fe} 为感性器件的铁损；P_{Cu} 为感性器件的铜损。

　　磁芯铜耗一般根据施泰因梅茨(Steinmetz)公式计算

$$P_{Fe} = kf_s^{\alpha} B_s^{\beta} V_e \tag{3.87}$$

式中，B_s 为磁感应强度的峰值；k、α、β 为常数，取决于磁性材料特性，一般可以从厂家的磁芯手册查到；V_e 为铁芯的体积。

磁芯损耗一般根据滤波电感阻值计算

$$P_{Cu} = I_L^2 R_L \tag{3.88}$$

式中，R_L 为电感的内阻。

根据厂家的磁芯手册可得电感的铁损，将电感上电流表达式代入电感损耗公式可得电感的铜损，此时一个工频周期内电感上损耗为

$$\begin{cases} W_{Lac1} = R_{Lac1} \int_0^{\frac{2\pi}{\omega}} i_{Lac1}^2 \mathrm{d}t + k f_s^\alpha B_s^\beta V_e \\[2mm] W_{Lac2} = R_{Lac2} \int_0^{\frac{2\pi}{\omega}} i_{Lac2}^2 \mathrm{d}t + k f_s^\alpha B_s^\beta V_e \\[2mm] W_L = R_L \int_0^{\frac{2\pi}{\omega}} i_L^2 \mathrm{d}t + k f_s^\alpha B_s^\beta V_e \end{cases} \tag{3.89}$$

参 考 文 献

[1] Hu H B, Harb S, Kutkut N H, et al. A single-stage microinverter without using electrolytic capacitors[J]. IEEE Transactions on Power Electronics, 2013, 28(6): 2677-2687.

[2] Larsson T, Ostlund S. Active DC_link filter for two frequency electric locomotives[C]. International Conference on Electric Railways in a United Europe, Amsterdam, 1995: 97-100.

[3] 张加庆. 有源滤波器控制策略及特性分析[D]. 山东：山东大学，2007.

[4] Chao K H, Cheng P T. Power decoupling methods for single-phase three-poles AC/DC converters[C]. Energy Conversion Congress and Exposition, San Jose, 2009: 3742-3747.

[5] Wang R X, Wang F, Boroyevich D, et al. A high power density single-phase PWM rectifier with active ripple energy storage[J]. IEEE Transactions on Power Electronics, 2011, 26(5): 1430-1443.

[6] Tang Y, Blaabjerg F, Loh P C, et al. Decoupling of fluctuating power in single-phase systems through a symmetrical half-bridge circuit[J]. IEEE Transactions on Power Electronics, 2014, 30(4): 1855-1865.

[7] Chao K H, Cheng P T, Shimizu T. New control methods for single phase PWM regenerative rectifier with power decoupling function[C]. Taipei: Power Electronics and Drive Systems, 2009: 1091-1096.

第 4 章　有源电容的控制技术典型案例分析

4.1　逆变器交流侧的有源电容控制：稳态分析

燃料电池作为一种利用新能源的载体，以其能量转化效率高、能量密度大、环境污染少等优点[1-4]，被广泛应用于笔记本电脑等便携式设备、电动汽车及分布式发电系统中。给便携式设备供电属于直流供电，而应用于电动汽车或分布式发电系统属于交流供电系统。当应用于交流供电系统时，50Hz 的交流电会在燃料电池的输出直流端产生 100Hz 的纹波[5]，该纹波会导致燃料电池输出特性出现迟滞现象，威胁燃料电池的安全运行[6]。与此同时，100Hz 的低频电流纹波还会导致燃料利用率低，燃料电池供电效率低[7,8]。100Hz 的低频电流纹波也会导致燃料电池内的质子交换膜碳化降解[9]。当低频电流纹波幅度超过平均电流的 4%时，燃料电池还会受到耐用性降低和使用寿命缩短的危害[10-12]。因此，抑制低频电流纹波是燃料电池交流供电系统的一个重要研究方向。抑制低频电流纹波有助于改善燃料电池的工况，提高燃料利用率以及燃料电池的使用寿命，有利于促进燃料电池的推广应用，具有可观的经济效益和社会效益。

燃料电池输出的直流电压范围较宽，如采用传统的单级半桥或全桥逆变器直接实现能量转换，虽然其变换结构简洁，但燃料电池输出端低频电流纹波大。为了抑制低频电流纹波，需要在燃料电池输出端并联大容量的电解电容[13,14]、蓄电池[15]或接入有源滤波装置[16]，虽然有效抑制了低频电流纹波，但电解电容、蓄电池及有源滤波装置会增加系统成本。另外，大量使用电解电容还会影响燃料电池供电系统的使用寿命。由于燃料电池输出电压等级较低，基于单级逆变器的供电系统需要加入体积笨重的工频升压变压器[17]。

为了省去工频变压器，可以在燃料电池的输出端加入一级 DC/DC 变换器。DC/DC 变换器将燃料电池输出的直流电压升压并稳定在合理的电压值，后级逆变器将该电压转换为高品质的交流电。虽然采用两级式的燃料电池供电系统简化了逆变器的控制，但燃料电池输出端的低频电流纹波并没有得到改善，仍需要借助于电解电容、蓄电池或有源滤波装置来抑制低频电流纹波[18-24]。Liu 在文献[26]中提出前级 DC/DC 变换器采用有源控制技术抑制燃料电池输出端的低频电流纹波。这种方法的逆变器输入侧电容电压波动大，为防止燃料电池输出电流随逆变器输入侧电压波动而变化，需要将 DC/DC 变换器电流环的带宽控制在 100Hz 以下。虽然有效抑制了燃料电池输出的低频电流纹波，但逆变器输入侧电压波动大会增加后级逆变器输出电压谐波的控制难点，一旦负载发生突变，要经过几个工频周期才能达到稳定，系统动态性能差。

上述研究是几种典型的抑制低频电流纹波的思路。这些方法均需要在逆变器的基础上加入外围电路予以实现，将脉动功率从逆变器中转移到额外的硬件储能元件中。本书提出一种基于差分逆变器[26-28]的波形控制方法，在不增加硬件成本，维持系统动态特性的条件下实现燃料电池输出侧低频电流纹波的抑制，并且设计了一台原理样机，验证本文理论分析的正确性。

4.1.1　燃料电池差分逆变系统

1. 系统概述

差分逆变电路凭借其高效率、低成本的优势，被广泛应用于中小功率逆变系统中。图 4.1 为燃料电池差分逆变系统的结构框图，V_{dc}、i_{dc} 为燃料电池的输出直流电压、电流及差分逆变器的输入电压、电流；v_{ac}、i_{ac} 为燃料电池差分逆变系统的输出交流正弦电压、电流；交流输出电压由两只输出电容 C_1、C_2 上的电压 v_{C1}、v_{C2} 差分得到。

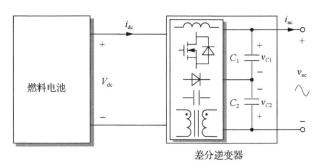

图 4.1　差分逆变系统结构图

2. 差分逆变器模型

差分逆变器由两个相同的 DC/DC 变换器(例如：Boost、Buck、Buck-Boost)组成，通过不同的组合方式可以实现升压逆变、降压逆变或升降压逆变。每个DC/DC 变换器的输出电压控制策略相对独立，分别产生带有直流偏置的交流正弦电压：

$$v_{C1}(t) = V_b + \frac{1}{2}V_{max}\sin\omega t \qquad (4.1)$$

$$v_{C2}(t) = V_b + \frac{1}{2}V_{max}\sin(\omega t - \pi) \qquad (4.2)$$

式中，V_b 为 DC/DC 变换器输出电压的直流偏置。差分逆变器的输出电压为

$$v_{ac}(t) = v_{C1}(t) - v_{C2}(t) = V_{max}\sin\omega t \tag{4.3}$$

从式 (4.3) 可以看出，两个 DC/DC 变换器输出电容上的电压经差分后只含有交流部分，无直流偏置电压，获得期望输出峰值为 V_{max} 的正弦交流电压。

假设单相燃料电池差分逆变系统工作在单位功率因数状态下，则输出正弦交流电流为

$$i_{ac}(t) = I_{max}\sin\omega t \tag{4.4}$$

因此，可以得到输出功率为

$$p_{ac}(t) = \frac{1}{2}V_{max}I_{max}(1 - \cos 2\omega t) \tag{4.5}$$

由式 (4.5) 可以得到，输出功率中包含平均功率和二倍频脉动功率。燃料电池的输出功率 $p_{dc}(t)$ 为

$$p_{dc}(t) = V_{dc}\left[I_{dc} + i_{2\omega}(t)\right] \tag{4.6}$$

假设系统效率为 100%，并且燃料电池输出电压恒为 V_{dc}，可以得到

$$I_{dc} = \frac{V_{max}I_{max}}{2V_{dc}} \tag{4.7}$$

联立式 (4.5)~式 (4.7) 可以得到，燃料电池输出电流中交流部分为

$$i_{2\omega}(t) = \frac{V_{max}I_{max}}{2V_{dc}}\cos 2\omega t \tag{4.8}$$

基于以上分析，若直流侧不添加大容量储能器件对脉动功率进行缓冲，燃料电池将会输出 2ω 的低频电流纹波，对燃料电池的寿命和系统稳定性造成极大的危害。图 4.2(a) 所示为传统燃料电池差分逆变系统中，当交流输出侧实现单位功率因数时的电容电压波形、输出电压波形及燃料电池输出电流波形，从图中可以看出，输出电压为标准 50Hz 正弦波，燃料电池输出电流二倍纹波含量显著。而图 4.2(b) 为采用波形控制方法时的波形。

3. 基于差分逆变器的波形控制函数

结合式 (4.1) 和式 (4.2) 不难看出，若同时改变差分逆变器两个 DC/DC 变换器输出电压，在差分电容上添加相同的电压波形，经过差分后依然可以得到期望的正弦交流电压。例如，两只输出电容上同时添加波形控制函数 $F(t)$，可以得到

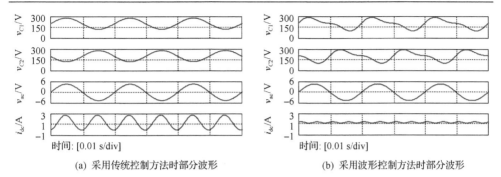

(a) 采用传统控制方法时部分波形　　　　　　　(b) 采用波形控制方法时部分波形

图 4.2　传统控制方法与波形控制方法时部分波形

$$v_{C1}(t) = V_b + \frac{1}{2}V_{max}\sin\omega t + F(t) \tag{4.9}$$

$$v_{C2}(t) = V_b + \frac{1}{2}V_{max}\sin(\omega t - \pi) + F(t) \tag{4.10}$$

　　且输出正弦交流电压依然为式(4.3)。虽然两只电容电压波形发生改变，但输出交流电压波形依然为期望的正弦电压。

　　基于上述分析，如果能够控制输出侧两只电容 C_1、C_2 上的电压含有幅值相等、相位相反的 2 倍低频纹波，如图 4.2(b) 中 v_{C1} 和 v_{C2} 所示，而且两只电容上的二倍脉动功率正好为负载所需的脉动功率，则脉动功率将在两只串联的电容及负载间环流，即负载所需的脉动功率被这两只电容就地进行了补偿，不再需要直流侧提供。也就是说，如果差分式逆变器加以合适的控制，即对两只串联的电容电压进行波形控制就可以抑制逆变器直流侧的低频电流纹波，如图 4.2(b) 中所示，i_{dc} 已经不再含有二次纹波成分。

4.1.2　波形控制方法概述

　　本书以燃料电池升压型差分逆变器系统为例对波形控制方法进行分析验证。如图 4.3 所示为升压型差分逆变器的电路拓扑结构，包括燃料电池直流电源 V_{dc}、负载 Z、左边升压变换器和右边升压变换器，其中左边变换器包括电容 C_1、电感 L_{dc1} 和开关管 S_1、S_2，右边升压型变换器包括电容 C_2、电感 L_{dc2} 和开关管 S_3、S_4，左右升压型变换器的结构对称；逆变系统的输出端与两个差分电容 C_1、C_2 串联，且输出电压为两个电容电压差分获得，因而称作升压型逆变结构。

　　假设两个升压型电路的输出电容电压分别为式(4.9)和式(4.10)，输出交流电压依然为式(4.3)。

　　由 $i = C\mathrm{d}v_C/\mathrm{d}t$ 可以得到，两只差分电容 C_1、C_2 的电流分别为

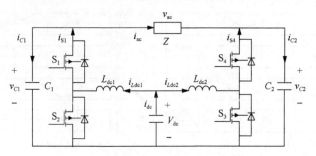

图 4.3　升压型差分逆变器的电路拓扑结构

$$i_{C1}(t) = C\omega \frac{1}{2} V_{\max} \cos \omega t + CF'(t) \tag{4.11}$$

$$i_{C2}(t) = -C\omega \frac{1}{2} V_{\max} \cos \omega t + CF'(t) \tag{4.12}$$

由图(4.3)、式(4.4)、式(4.11)和式(4.12)可得

$$i_{S1}(t) = i_{ac}(t) + i_{C1}(t) = I_{\max} \sin \omega t + \frac{1}{2} C\omega V_{\max} \cos \omega t + CF'(t) \tag{4.13}$$

$$i_{S2}(t) = -i_{ac}(t) + i_{C2}(t) = -I_{\max} \sin \omega t - \frac{1}{2} C\omega V_{\max} \cos \omega t + CF'(t) \tag{4.14}$$

则两只电感电流为

$$i_{L\text{dc}1}(t) = \frac{i_{S1}(t)}{1 - D_{14}(t)} = \frac{i_{S1}(t) v_{C1}(t)}{V_{\text{dc}}} \tag{4.15}$$

$$i_{L\text{dc}2}(t) = \frac{i_{S2}(t)}{1 - D_{23}(t)} = \frac{i_{S2}(t) v_{C2}(t)}{V_{\text{dc}}} \tag{4.16}$$

由此可以得到燃料电池输出电流，即两只电感电流的和为

$$i_{\text{dc}}(t) = \frac{V_{\max} I_{\max}}{2V_{\text{dc}}} + \frac{4F(t)F'(t)C + 4V_b F(t)C}{2V_{\text{dc}}} + \frac{-V_{\max} I_{\max} \cos 2\omega t + \frac{1}{2} C\omega V_{\max}^2 \sin 2\omega t}{2V_{\text{dc}}}$$

$$\tag{4.17}$$

从式(4.17)可以看出，燃料电池输出电流由三部分构成，分别为直流部分 $\dfrac{V_{\max} I_{\max}}{2V_{\text{dc}}}$、二倍低频电流纹波部分和波形函数部分。若式(4.18)成立，则燃料电

池输出电流只含有直流，不含任意低频电流纹波。

$$\frac{4F(t)F'(t)C + 4V_{\mathrm{b}}F(t)C}{2V_{\mathrm{dc}}} + \frac{-V_{\max}I_{\max}\cos 2\omega t + \dfrac{1}{2}C\omega V_{\max}^2 \sin 2\omega t}{2V_{\mathrm{dc}}} = 0 \qquad (4.18)$$

由式 (4.18) 可求解得

$$F(t) = \sqrt{2A + \frac{V_{\max}}{4C\omega}\left(I_{\max}\sin 2\omega t + \frac{CV_{\max}\omega}{2}\cos 2\omega t + 1\right)} - V_{\mathrm{b}} \qquad (4.19)$$

从式 (4.19) 可以看出，波形控制函数 $F(t)$ 相对复杂，不便于工程实践。然而，引入波形函数后，燃料电池输出电流中添加了两部分 $\dfrac{2F(t)F'(t)C}{V_{\mathrm{dc}}}$ 和 $\dfrac{2V_{\mathrm{b}}F(t)C}{V_{\mathrm{dc}}}$。

针对 2ω 的抑制，若 $F(t)$ 取基波，则燃料电池输出电流中引入更低次谐波；若 $F(t)$ 取二次函数，则引入四次且含量较小的成分。故不妨将波形控制函数 $F(t)$ 近似取值，假设两个升压型电路的输出电容电压分别为

$$v_{C1} = V_{\mathrm{b}} + \frac{1}{2}V_{\max}\sin\omega t + B\sin(2\omega t + \varphi) \qquad (4.20)$$

$$v_{C2} = V_{\mathrm{b}} - \frac{1}{2}V_{\max}\sin\omega t + B\sin(2\omega t + \varphi) \qquad (4.21)$$

输出电容上直流偏置电压需要满足[29]

$$V_{\mathrm{b}} \geqslant \frac{1}{2}V_{\max} + V_{\mathrm{dc}} + B \qquad (4.22)$$

依照上述分析步骤可得，燃料电池输出电流即差分逆变器的输入电流为

$$\begin{aligned}
i_{\mathrm{dc}}(t) ={}& \frac{V_{\max}I_{\max}}{2V_{\mathrm{dc}}} + \frac{B^2 C\omega \sin(4\omega t + \varphi)}{V_{\mathrm{dc}}} \\
& + \frac{-V_{\max}I_{\max}\cos 2\omega t + \dfrac{1}{2}V_{\max}^2 \omega C \sin 2\omega t + 8V_{\mathrm{b}}BC\omega\cos(2\omega t + \varphi)}{2V_{\mathrm{dc}}}
\end{aligned} \qquad (4.23)$$

由式 (4.23) 可得，燃料电池输出电流由三部分构成，分别为直流部分、四倍基频纹波部分 $\dfrac{B^2 C\omega \sin(4\omega t + \varphi)}{V_{\mathrm{dc}}}$ 和二倍基频纹波部分 $i_{2\omega}$

$$i_{2\omega}(t) = \frac{-V_{\max}I_{\max}\cos 2\omega t + \frac{1}{2}V_{\max}^2\omega C\sin 2\omega t + 8V_{\mathrm{b}}BC\omega\cos(2\omega t + \varphi)}{2V_{\mathrm{dc}}} \qquad (4.24)$$

若 $i_{2\omega}=0$，即

$$-V_{\max}I_{\max}\cos 2\omega t + \frac{1}{2}V_{\max}^2\omega C\sin 2\omega t + 8V_{\mathrm{b}}BC\omega\cos(2\omega t + \varphi) = 0 \qquad (4.25)$$

则燃料电池输出电流中不再包含二倍低频电流纹波。可以解得

$$B = \frac{V_{\max}}{8V_{\mathrm{b}}\omega C}\sqrt{I_{\max}^2 + \frac{\omega^2 C^2 V_{\max}^2}{4}} \qquad (4.26)$$

$$\varphi = \frac{\pi}{2} - \arcsin\frac{I_{\max}}{\sqrt{I_{\max}^2 + \frac{\omega^2 C^2 V_{\max}^2}{4}}} \qquad (4.27)$$

将 B 和 φ 代入式(4.20)和式(4.21)，控制两只电容电压分别跟踪所得电压参考值，两倍低频纹波电流将得到消除。

4.1.3　波形控制方法分析

1. 波形控制特性

根据式(4.26)，电容容量 C、直流偏置电压 V_{b} 和变量 B 成反比，同时 V_{b} 和 B 还需满足等式(4.22)。此外，由于系统使用差分式升压逆变器，V_{b} 和 B 过大意味着占空比过大，将导致变换器工作在饱和区。电容容量 C 的大小也是影响系统体积和成本的一个重要因素。综合考虑以上因素，实际应用中需对以上三个变量进行最优设计。

根据式(4.26)，可得如图 4.4 所示的 C、V_{b} 和 B 的三维关系图。假设 $P_{\mathrm{avg}}=170\mathrm{W}$，$f=50\mathrm{Hz}$，$V_{\max}=\sqrt{2}\times110\mathrm{V}$，在图 4.4 上取一点可得 $C=15\mu\mathrm{F}$，$V_{\mathrm{b}}=213\mathrm{V}$，$B=43\mathrm{V}$。根据(4.27)式可计算得到 $\varphi=0.1659$。结果可以得到两只电容电压的参考值 $v_{C1}=213+77.75\sin\omega t+43\sin(2\omega t+0.1659)$ 和 $v_{C2}=213-77.75\sin\omega t+43\sin(2\omega t+0.1659)$。

图 4.5(a)～(f)所示为差分逆变器仿真波形。图 4.5(a)和(d)分别为未使用波形控制方法和使用波形控制方法的占空比信号波形。d_1 和 d_2 为两个双向 Boost 变换器的占空比。从图中可得，当 $d_1=d_2=0.58$ 时，输出电压过零。未使用波形控制方法时，d_1 和 d_2 的取值范围是 0.33～0.69。使用波形控制方法时，d_1 和 d_2 的取值范围是 0.15～0.7。两种情况下都在 Boost 变换器的限制范围内。图 4.5(b)和(e)

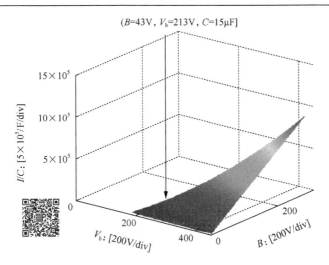

图 4.4　C、V_b 和 B 的三维关系图

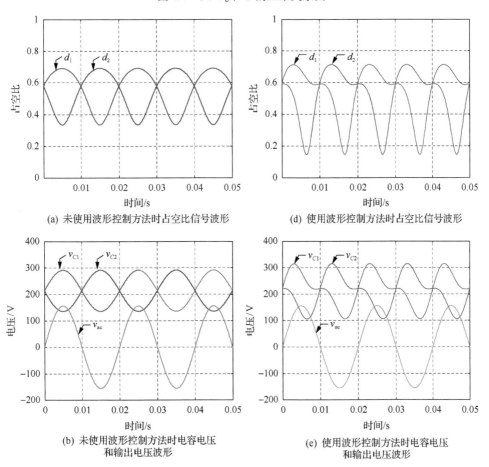

(a) 未使用波形控制方法时占空比信号波形

(d) 使用波形控制方法时占空比信号波形

(b) 未使用波形控制方法时电容电压
和输出电压波形

(e) 使用波形控制方法时电容电压
和输出电压波形

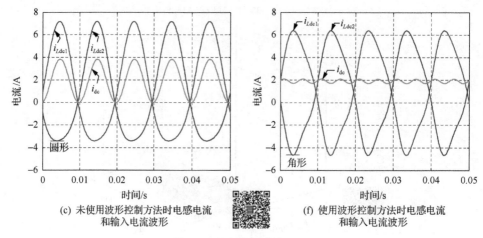

(c) 未使用波形控制方法时电感电流
和输入电流波形

(f) 使用波形控制方法时电感电流
和输入电流波形

图 4.5　逆变器仿真波形图

所示为未使用波形控制方法和使用波形控制方法的逆变器 v_{C1}、v_{C2} 和 v_{ac} 的波形。从图中可知，两种情况下输出电压 v_{ac} 都是正弦波形，使用波形控制方法时，v_{C1} 和 v_{C2} 包含两倍频率的谐波部分。图 4.5(c) 和 (f) 所示为未使用波形控制方法和使用波形控制方法的 i_{Ldc1}、i_{Ldc2} 和 i_{dc} 的波形。未使用波形控制方法时输入电流 i_{dc} 包含大量的两倍频率纹波电流；相反，使用波形控制方法时，低频频率纹波电流被抑制，此时，纹波电流幅值相较未使用波形控制方法时，从 3.8A 降为 0.38A。

2. 波形控制方法电压电流应力分析

从图 4.5(e) 可知，使用波形控制方法时，逆变器输出电容最大电压 $v_{C1max}=v_{C2max}=314V$。从图 4.5(b) 中可知，未使用波形控制方法时，$v_{C1max}=v_{C2max}=290.75V$。因此，使用波形控制方法时功率器件所承受电压也要高于未使用波形控制方法。从图 4.5(f) 中可知，使用波形控制方法时，最大电感电流 $i_{Ldc1max}=i_{Ldc2max}=6.37A$。从图 4.5(c) 中可知，未使用波形控制方法时 $i_{Ldc1max}=i_{Ldc2max}=7.18A$。因此，使用波形控制方法时功率器件所承受的电流要低于未使用波形控制方法。此外，使用波形控制方法时的电感电流波形为对称波形，有利于完全利用开关器件。图 4.6(a) 和 (b) 所示为 V_b、B 和电容电压应力 v_{Cmax} 的关系及 V_b、B 和电感电流应力 i_{Ldcmax} 的关系。从图中可知，随着 B 的减小、V_b 的增加，电压应力和电流应力都在上升。在图 4.6(a) 取一点 $V_b=213V$、$B=43V$ 和 $v_{Cmax}=314V$，在图 4.6(b) 取一点 $V_b=213V$、$B=43V$ 和 $i_{Ldcmax}=6.37A$，与图 4.4 吻合。因此，为了减小功率器件的电压和电流应力，建议 B 值取大，V_b 取小。

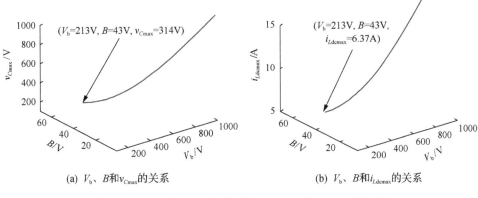

(a) V_b、B和$v_{C\max}$的关系　　　　　　(b) V_b、B和$i_{L\mathrm{dcmax}}$的关系

图 4.6　V_b、B 和 $v_{C\max}$ 的关系以及 V_b、B 和 $i_{L\mathrm{dcmax}}$ 的关系

3. 两倍纹波电流流通途径

两倍纹波电流的在电路中的流向途径对效率有很大影响，需仔细研究。将式(4.26)和式(4.27)代入式(4.15)和式(4.16)可得

$$i_{L\mathrm{dc1a}}(t) = I_{\mathrm{dc}} + A_a \sin(\omega t + \theta_{1a}) + A_{3a}\sin(3\omega t + \theta_{3a}) + A_{4a}\sin(4\omega t + \theta_{4a}) \tag{4.28}$$

$$i_{L\mathrm{dc2a}}(t) = I_{\mathrm{dc}} - A_a \sin(\omega t + \theta_{1a}) - A_{3a}\sin(3\omega t + \theta_{3a}) + A_{4a}\sin(4\omega t + \theta_{4a}) \tag{4.29}$$

式中，$i_{L\mathrm{dc1a}}$ 和 $i_{L\mathrm{dc2a}}$ 分别为使用波形控制方法时 $L\mathrm{dc}_1$ 和 $L\mathrm{dc}2$ 的电感电流；A_a、A_{3a} 和 A_{4a} 分别为使用波形控制方法时的电感电流基波、三次谐波和四次谐波的幅值；θ_{1a}、θ_{3a} 和 θ_{4a} 分别为使用波形控制方法时电感电流基波、三次谐波和四次谐波的相位。A_a、A_{3a} 和 A_{4a} 的表达式分别为

$$A_a = \sqrt{\frac{V_{\max}^6 \omega^2 C^2}{4096 V_b^2 V_{\mathrm{dc}}^2} + \frac{31 V_{\max}^4 I_{\max}^2}{512 V_b^2 V_{\mathrm{dc}}^2} - \frac{V_{\max}^3 \omega^2 C^2}{64 V_{\mathrm{dc}}^2} - \frac{7 V_{\max}^2 I_{\max}^2}{16 V_{\mathrm{dc}}^2} + \frac{V_{\max}^2 I_{\max}^4}{16 \omega^2 C^2 V_b^2 V_{\mathrm{dc}}^2} + \frac{\omega^2 C^2 V_b^2 V_{\max}^2}{4 V_{\mathrm{dc}}^2} + \frac{V_b I_{\max}^2}{V_{\mathrm{dc}}^2}} \tag{4.30}$$

$$A_{3a} = \frac{V_{\max}}{8 V_b V_{\mathrm{dc}}} \sqrt{\frac{5 V_{\max}^2 I_{\max}^2}{8} + \frac{9 V_{\max}^2 \omega^2 C^2}{64} + \frac{I_{\max}^4}{4 \omega^2 C^2}} \tag{4.31}$$

$$A_{4a} = \frac{V_{\max}^2 I_{\max}^2}{64 \omega C V_b^2 V_{\mathrm{dc}}} + \frac{V_{\max}^4 \omega C}{256 V_b^2 V_{\mathrm{dc}}} \tag{4.32}$$

由式(4.11)、式(4.12)、式(4.28)和式(4.29)可得，使用波形控制方法时，两倍纹波电流部分主要流过电容，如图 4.7(a)中的虚线所示。

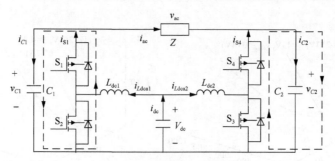

(a) 使用波形控制方法

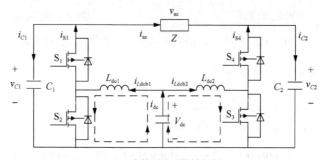

(b) 未使用波形控制方法

图 4.7 两倍频率电流纹波流向路径图

另一方面，未使用波形控制方法时，电感电流可表示为

$$i_{Ldc1b}(t) = I_{dc} + A_{1b}\sin(\omega t + \theta_{1b}) + A_{2b}\sin(2\omega t + \theta_{2b}) \tag{4.33}$$

$$i_{Ldc2b}(t) = I_{dc} - A_{1b}\sin(\omega t + \theta_{1b}) + A_{2b}\sin(2\omega t + \theta_{2b}) \tag{4.34}$$

式中，i_{Ldc1b} 和 i_{Ldc2b} 为未使用波形控制方法时电感 $Ldc1$ 和 $Ldc2$ 的电感电流；$A_{\omega b}$、$A_{2\omega b}$ 为未使用波形控制方法时的电感电流基波和二次谐波的幅值；θ_{1b} 和 θ_{2b} 为未使用波形控制方法时电感电流基波和二次谐波的相位。A_{1b}、A_{2b} 的表达式为

$$A_{1b} = \frac{V_b}{V_{dc}}\sqrt{\left(\frac{\omega C V_{max}}{2}\right)^2 + I_{max}^2} \tag{4.35}$$

$$A_{2b} = \sqrt{\left(\frac{\omega C V_{max}^2}{8V_{dc}}\right)^2 + \left(\frac{V_{max}I_{max}}{4V_{dc}}\right)^2} \tag{4.36}$$

从式(4.1)和式(4.2)可得，未使用波形控制方法时电容 C_1 和 C_2 的电流为

$$i_{C1b}(t) = C\omega\frac{1}{2}V_{max}\cos\omega t \tag{4.37}$$

$$i_{C2b}(t) = -C\omega \frac{1}{2} V_{\max} \cos \omega t \tag{4.38}$$

从式(4.33)、式(4.34)、式(4.37)和式(4.38)中可得二倍频率电流纹波部分主要流过两个电感，如图 4.7(b)所示。

相对电容来说，电感损耗更大，由此可得图 4.7(a)中的功率损耗要小于图 4.7(b)。以上结论可由图 4.8 仿真结果验证。图 4.8 所示为流经主电路器件的二倍频率电流幅值。由图可知，使用波形控制方法时，二倍频率电流部分流经 C_1、C_2、S_1、S_2、S_3 和 S_4；未使用波形控制方法时，二倍频率电流部分流经 S_1、S_3、L_{dc1}、L_{dc2} 和燃料电池(FC)，这与理论推导一致。

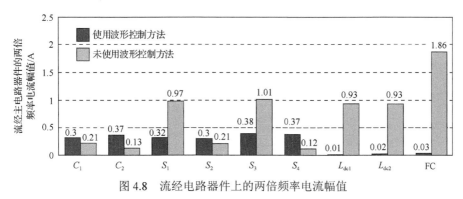

图 4.8　流经电路器件上的两倍频率电流幅值

4. 电容容量偏差的影响

由于电容 C_1 和 C_2 的值会影响波形控制方法的计算，当电容容量发生改变时，基于原始电容容量计算的波形控制方法其控制性能需要研究。首先，假设 $C_1=C_2=15\mu F$，基于以上条件进行电容参考电压计算；接下来对电路进行仿真，电容容量变化范围 $5\sim25\mu F$，仿真结果如图 4.9 所示。依图可得，与原始电容容量 $15\mu F$ 相差越大，两倍纹波电流补偿效果越差，然而，由于薄膜电容容量偏差一般低于 10%，其对纹波电流补偿效果影响低于 8.19%。

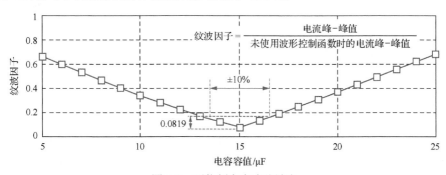

图 4.9　两倍频率电流纹波率

4.1.4 实验验证

1. 控制系统结构图

为了验证波形控制方法的有效性，本书在燃料电池升压差分逆变系统原理样机上开展了一系列实验验证，电路拓扑结构如图 4.3 所示，控制系统通过 TMS320LF2812 实现。系统参数如表4.1 所示。

表 4.1　燃料电池升压差分逆变系统参数

参数	值
输入电压 V_{dc}	90V
输出电压有效值	110V
额定功率 P	150W
基波频率 f	50Hz
开关频率 f_s	20kHz
电感 L_{dc1}、L_{dc2}	300μH
电容 C_1、C_2	15μF，800V

基于波形控制方法的升压型差分逆变系统对两个 Boost DC/DC 变换器独立控制，采用电感电流内环，输出电容电压外环的双环控制方式。控制系统结构图如图 4.10 所示。

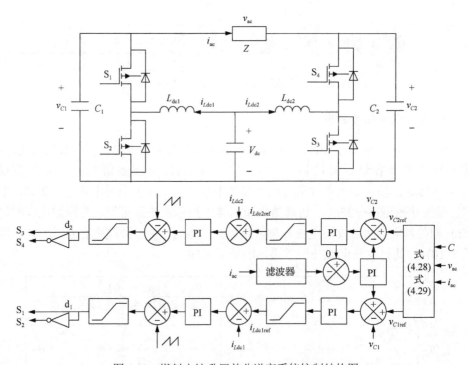

图 4.10　燃料电池升压差分逆变系统控制结构图

首先，根据输出交流正弦电压参数与式(4.28)和式(4.29)得到两只电容的参考电压，与反馈的实际电容电压值进行比较后，将误差信号通过外环的比例积分(proportional-integral，PI)补偿器进行调节；外环 PI 补偿器的输出作为内环电感电流的参考与反馈的电感电流进行比较，内环 PI 补偿，最后通过 PWM 调制方式产生控制开关的占空比。为避免控制时间延迟和实际缺陷，导致逆变器输出产生直流偏置成分，在该设计中，通过引入输出电流直流成分跟踪给定 0 的电流控制环，抑制输出的直流偏置成分。

2. 纯阻性负载

图 4.11(a)～(d)分别显示了使用波形控制方法和传统控制方法下，带有纯阻性负载电路的部分电压、电流波形。其中，图 4.11(a)与(c)所示为升压型差分逆变器的输出电容电压，输出交流正弦电压和负载电流。采用波形控制方法后，两只电容电压波形发生了改变，但是可以得到相同的输出电压和负载电流。图 4.11(b)和(d)所示为升压型差分逆变器中电感电流和输入电流波形。可以看出，使用波形控制方法，输入电流纹波减弱至 13%(4A 降至 0.5A)。

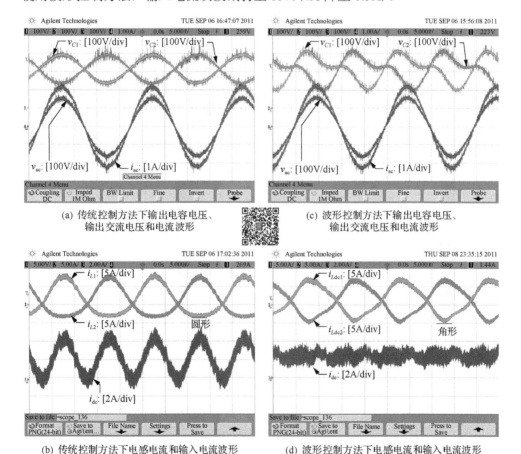

(a) 传统控制方法下输出电容电压、输出交流电压和电流波形

(c) 波形控制方法下输出电容电压、输出交流电压和电流波形

(b) 传统控制方法下电感电流和输入电流波形

(d) 波形控制方法下电感电流和输入电流波形

图 4.11　电阻负载时传统控制方法和波形控制方法部分波形对比

图 4.12(a)和(b)分别显示了使用波形控制方法和传统控制方法状态下输入电流的频谱图。由图可见,采用传统控制方式时,100Hz 的电流纹波(峰值为 1.11A)是直流电流(2.31A)的 48.1%。采用波形控制方法后,100Hz 电流纹波(峰值为 0.07A)降至直流电流(2.37A)的 3%。采用传统控制方法时,200Hz 的纹波电流(峰值为0.026A)是直流量的 1.1%,采用波形控制时(0.1176A)是直流量的 5%。对燃料电池的影响可以忽略不计。

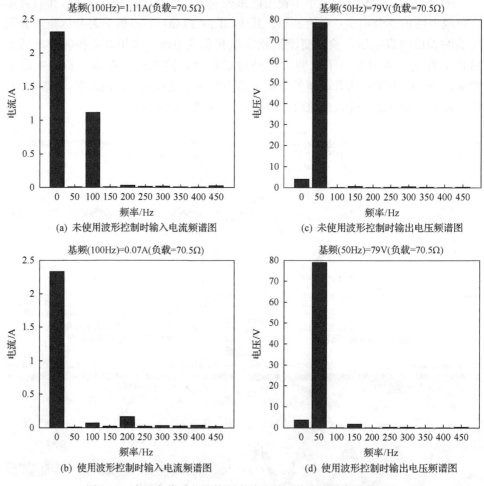

图 4.12　电阻负载时传统控制方法和波形控制方法频谱图对比

图 4.12(c)和(d)所示为波形控制方法和传统控制方法下,逆变器输出电压的频谱图。传统控制方法时,THD 值为 1.089%;采用波形控制方法时 THD 值为2.36%,均满足电网供电要求。

3. 阻容性负载

为了进一步验证波形控制方法，需要考虑其他负载情况。这里选择阻容性负载。图 4.13(a)～(d) 分别显示了使用波形控制方法和传统控制方法下，带有阻容性负载电路的部分电压、电流输出波形。其中，图 4.13(a) 与 (c) 所示为升压型差分逆变器的输出电容电压，输出交流正弦电压和负载电流。采用波形控制方法后，两只电容电压波形发生了改变，但是可以得到相同的输出电压和负载电流。图 4.13(b) 和 (d) 所示为升压型差分逆变器中电感电流和输入电流波形。可以看出，使用波形控制方法，输入电流纹波减弱至 40%(4A 降至 1.6A)。

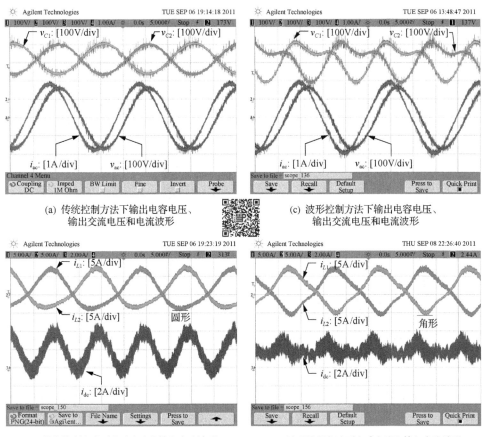

(a) 传统控制方法下输出电容电压、
输出交流电压和电流波形

(c) 波形控制方法下输出电容电压、
输出交流电压和电流波形

(b) 传统控制方法下电感电流和输入电流波形

(d) 波形控制方法下电感电流和输入电流波形

图 4.13　阻容负载时传统控制方法和波形控制方法部分波形对比

图 4.14(a) 和 (b) 分别显示了使用波形控制方法和传统控制方法下输入电流的频谱图。由图可见，采用传统控制方式时，100Hz 的电流纹波(峰值为 1.01A)是直流电流(1.82A)的 55.4%。采用波形控制方法后，100Hz 电流纹波(峰值为 11.9A)

降至直流电流(2.37A)的 11.9%。采用传统控制方法时，200Hz 的纹波电流(峰值为 0.015A)是直流量的 0.79%，采用波形控制时(0.1647A)是直流量的 8.9%。对燃料电池的影响可以忽略不计。

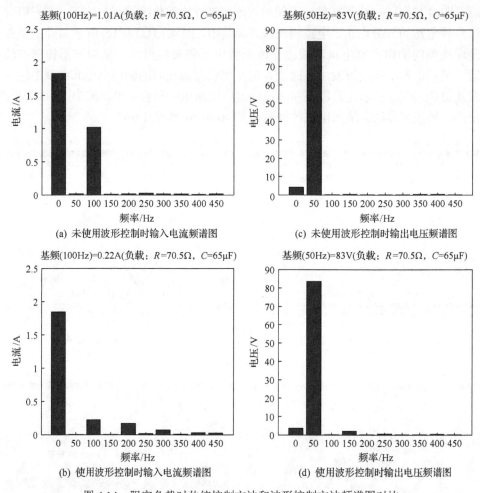

图 4.14　阻容负载时传统控制方法和波形控制方法频谱图对比

图 4.14(c)和(d)所示为波形控制方法和传统控制方法下，逆变器输出电压的频谱图。传统控制方法时，THD 值为 0.69%；采用波形控制方法时 THD 值为 2.55%，均满足电网供电要求。

4. 实验对比研究

未使用波形控制方法时，电容 C_1 和 C_2 没有流过两倍频率电流纹波。因此，改变电容值对电流纹波没有影响。在不使用波形控制方法时，可以通过使用额外的器件(如在输入侧并联电容)的方法抑制二倍纹波电流。

这里将使用波形控制方法和逆变器输入侧并联电容的方法进行对比研究。在相同负载条件下,给出了 4 种不同情况下输入电压和输入电流的波形如图 4.15 所示,图(a)～(d)分别对应情况Ⅰ～Ⅳ,情况Ⅰ:未使用波形控制方法(无输入电容);情况Ⅱ:未使用波形控制方法输入侧并联 220μF 电解电容;情况Ⅲ:未使用波形控制方法输入侧并联 2240μF 电解电容;情况Ⅳ:使用波形控制方法(无输入电容)。

如图 4.15 所示,可以控制输出电压为正弦;但是输入电流的峰-峰值分别为 4A、3.8A、3.4A、0.5A。在 C_1、C_2 相同的条件下,采用波形控制方法电流纹波最小。此外,未使用波形控制方法时,在输入侧并联电容可以抑制电流纹波。但是,效果并不明显,需要非常大的电解电容才能达到一定的抑制效果。

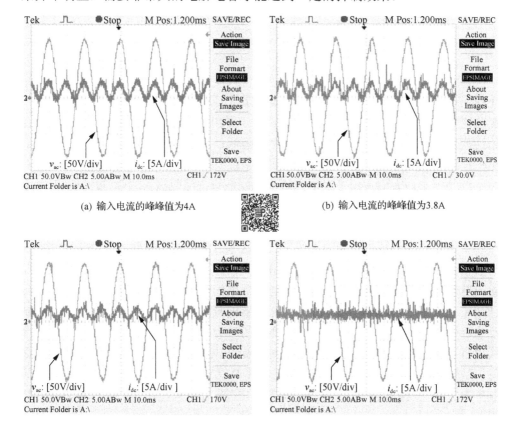

(a) 输入电流的峰峰值为4A

(b) 输入电流的峰峰值为3.8A

(c) 输入电流的峰峰值为3.4A

(d) 输入电流的峰峰值为0.5A

图 4.15　4 种电路情况下电压电流波形

最后,4 种情况下的电路效率也在图 4.16 中给出。如图所示,采用波形控制方法时效率最高。

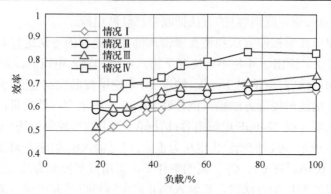

图 4.16　4 种电路情况下效率曲线

4.2　逆变器交流侧的有源电容控制：暂态分析

为了应对全球气候变暖和环境问题，替代能源例如风能、太阳能和燃料电池正在快速发展。在低功率段，分布式发电系统要求使用可并网的单相逆变系统[30]吸收逆变器负载端瞬时功率产生的低频(二倍输出基波频率)纹波电流，但是这会给逆变系统带来危害，如缩短系统寿命和降低系统效率等[31]。因此，抑制此低频电流纹波对提高布式发电系统的寿命和效率很重要。

近些年来，人们提出了很多方法来抑制低频电流纹波。文献[32]中采用大电解电容来抑制纹波电流，但是利用电解电容既增加了系统的体积又增加了系统成本，并且电解电容寿命有限，同样减小了系统寿命[33]。文献[34]中讨论了几种通过功率解耦技术来减小脉动功率的方法。这些方法会增加额外硬件电路来充当功率解耦回路。在包含前级为 DC/DC 变换、后级为 DC/AC 的两级功率变换系统中，输出脉动功率可以被包含在 DC/AC 逆变器中间部分的直流母线侧而不必出现在DC/DC 变换器的输入侧。这是通过让逆变器的直流母线电容电压波动跟随功率波动来确保脉动功率完全由电容吸收来实现的。为了防止脉动电压和功率从直流母线电容传递到直流电压源端，DC/DC 变换器的电流环带宽必须控制在 100Hz 或更低。尽管这种方法可行并且有效，但是后级 DC/AC 逆变器的设计复杂。此外，受制于 DC/DC 变换器的带宽，系统的动态响应差，并且只能在几个基波周期后达到稳态。

基于上述讨论，文献[35]提出了基于波形控制方法的 Boost 差分逆变器来抑制低频纹波，这种方法不需要额外的有源器件或电解电容。通过这种方式，二次谐波脉动功率由 Boost 差分逆变器的交流输出电容来提供，而负载的平均功率则由直流母线直接提供。因此，理论上将没有二次纹波电流流经直流母线。本书研究在原波形控制方法的基础上引入了能动态改变电容参考电压的负载电流负反馈机制后输入电压或负载变化时系统的运行状况。此外，还介绍了关于系统稳定性的小信号特性。

4.2.1　燃料电池差分逆变器的暂态解决方案

1. 线性条件下负载突变

1）负载变化时的波形控制方法

波形控制方法可以抑制额定负荷下的逆变器中的低频电流纹波。波形控制方式下差分电容的电压式(4.1)和式(4.2)可以被展开为

$$v_{C1}(t) = V_b + \frac{1}{2}V_{max}\sin\omega t + B\cos\varphi\sin 2\omega t + B\sin\varphi\cos 2\omega t \tag{4.39}$$

$$v_{C2}(t) = V_b + \frac{1}{2}V_{max}\sin(\omega t - \pi) + B\cos\varphi\sin 2\omega t + B\sin\varphi\cos 2\omega t \tag{4.40}$$

式中，$\sin\varphi$ 和 $\cos\varphi$ 分别为

$$\sin\varphi = \frac{\dfrac{\omega C V_{max}}{2}}{\sqrt{I_{max}^2 + \dfrac{\omega^2 C^2 V_{max}^2}{4}}} \tag{4.41}$$

$$\cos\varphi = \frac{I_{max}}{\sqrt{I_{max}^2 + \dfrac{\omega^2 C^2 V_{max}^2}{4}}} \tag{4.42}$$

因此，电容的参考电压为

$$v_{C1}(t) = V_b + \frac{1}{2}V_{max}\sin\omega t + \frac{V_{max}^2}{16V_b}\cos 2\omega t + \frac{V_{max}I_{max}}{8V_b\omega C}\sin 2\omega t \tag{4.43}$$

$$v_{C2}(t) = V_b + \frac{1}{2}V_{max}\sin(\omega t - \pi) + \frac{V_{max}^2}{16V_b}\cos 2\omega t + \frac{V_{max}I_{max}}{8V_b\omega C}\sin 2\omega t \tag{4.44}$$

如果系统是一定的，那么 V_b、V_{max}、ω 和 C 为常数。可以看出式(4.43)和式(4.44)中的第 4 部分的幅值 $V_{max}I_{max}\sin(2\omega t)/8V_b\omega C$ 与输出电流成正比，公式中其余部分则固定不变。因此，如果知道负载电流，每当负载变化被检测到，则参考电容电压可以实时根据式(4.43)和式(4.44)计算出来，以保证 $i_{2\omega}=0$。也就是说，通过引入电流反馈到波形控制方法中，电容电压就可以根据负载变化而自动调整，依然

能抑制低频电流纹波。

2) 可变输入电压条件下的波形控制

从式 (4.43) 和式 (4.44) 中可以看出，电容参考电压与输入电压没有直接关联。从本质上讲，只要满足式 (4.45) 的限制关系，输入电压的变化将不会影响逆变器低频纹波抑制的效果。

$$V_b > \frac{1}{2} V_{max} + V_{dc} + B \tag{4.45}$$

2. 小信号模型

通过协调控制各个 Boost 变换器的差分电容电压，就可以控制 Boost 差分逆变器的输出电压。S 域的总体控制框图如图 4.17 所示。

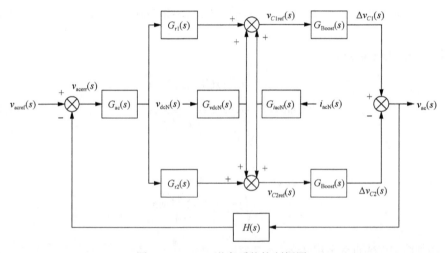

图 4.17　Boost 逆变系统控制框图

图 4.17 中，$v_{acref}(s)$ 为逆变器输出参考电压；$v_{acerr}(s)$ 为输出电压误差；$G_{ac}(s)$ 为输出电压误差补偿器；$v_{C1ref}(s)$ 和 $v_{C2ref}(s)$ 是基于波形控制方法的输出电容 C_1、C_2 电压参考变化信号；$G_{r1}(s)$ 和 $G_{r2}(s)$ 分别为 $v_{acref}(s)$ 到 $v_{C1ref}(s)$ 和 $v_{C2ref}(s)$ 的传递函数；$i_{acN}(s)$ 和 $v_{dcN}(s)$ 分别是负载电流扰动和输入电压扰动；$G_{iacN}(s)$ 和 $G_{vdcN}(s)$ 分别是 $i_{acN}(s)$ 到 $v_{C1ref}(s)$ 和 $v_{dcN}(s)$ 到 $v_{C2ref}(s)$ 的传递函数；$G_{Boost}(s)$ 是 Boost 变换器闭环传递函数；$\Delta v_{C1}(s)$ 和 $\Delta v_{C2}(s)$ 为电容输出电压变化量；$H(s)$ 为反馈系数；$v_{ac}(s)$ 为逆变器输出电压。

1) Boost 变换器小信号模型

单个 Boost 变换器的控制方框图如图 4.18 所示。

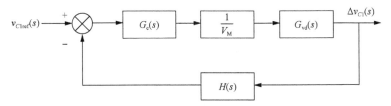

图 4.18　Boost 变换器控制方框图

图 4.18 中 $G_c(s)$ 为补偿器增益，$1/V_M$ 为脉宽调制增益，$G_{vd}(s)$ 为控制-输出的传递函数。推导出的控制-输出传递函数为

$$G_{vd}(s) = \frac{V_{dc}}{1-D} \frac{1 - \dfrac{s}{\omega_z}}{1 + \dfrac{s}{Q\omega_0} + \left(\dfrac{s}{\omega_0}\right)^2} \tag{4.46}$$

式中，D 为 Boost 变换器的占空比；$\omega_0 = \dfrac{1-D}{\sqrt{LC}}$；$\omega_z = \dfrac{(1-D)^2 Z}{L}$；$Q = (1-D)Z\sqrt{\dfrac{C}{L}}$。

开环增益 $T_{open}(s)$ 为

$$T_{open}(s) = G_c(s) \frac{1}{V_M} G_{vd}(s) H(s) \tag{4.47}$$

2）Boost 逆变器小信号模型

按照式 (4.43) 和式 (4.44)，在没有补偿器的情况下，使 $G_c(s)=1$，v_{C1}、v_{C2} 和 V_{max} 的关系为

$$\frac{dv_{C1}(t)}{dV_{max}} = \frac{1}{2}\sin\omega t + \frac{V_{max}}{8V_b}\cos 2\omega t + \frac{I_{max}}{8V_b\omega C}\sin 2\omega t \tag{4.48}$$

$$\frac{dv_{C2}(t)}{dV_{max}} = -\frac{1}{2}\sin\omega t + \frac{V_{max}}{8V_b}\cos 2\omega t + \frac{I_{max}}{8V_b\omega C}\sin 2\omega t \tag{4.49}$$

然后，可以得到 $G_{r1}(s)$ 和 $G_{r2}(s)$ 的表达式为

$$G_{r1}(s) = \frac{1}{2}\frac{\omega}{s^2+\omega^2} + \frac{V_{max}}{8V_b}\frac{s}{s^2+4\omega^2} + \frac{I_{max}}{8V_b\omega C}\frac{2\omega}{s^2+4\omega^2} \tag{4.50}$$

$$G_{r2}(s) = -\frac{1}{2}\frac{\omega}{s^2+\omega^2} + \frac{V_{max}}{8V_b}\frac{s}{s^2+4\omega^2} + \frac{I_{max}}{8V_b\omega C}\frac{2\omega}{s^2+4\omega^2} \tag{4.51}$$

最后，Boost 逆变器的系统增益为

$$T(s) = [G_{r1}(s)G_{Boost}(s) - G_{r2}(s)G_{Boost}(s)]H(s) \tag{4.52}$$

$$T(s) = \frac{\omega}{s^2 + \omega^2}G_{Boost}(s)H(s) \tag{4.53}$$

式中，$G_{Boost}(s) = \dfrac{1}{H(s)} \cdot \dfrac{T_{open}(s)}{1 + T_{open}(s)}$。

图 4.19 是在有补偿器和无补偿器情况下 Boost 逆变器环路增益的波特图。系统中补偿器设计为 $G_{ac}(s) = 76856(1 + 0.0013s)$，传递函数的波特图如图中案例 1 所示。案例 2 为在补偿器的作用下系统的总增益。案例 3 为 Boost 逆变器的开环增益。从案例 2 中可以看出，系统稳定时穿越频率是 8kHz，相位裕度是 46°。

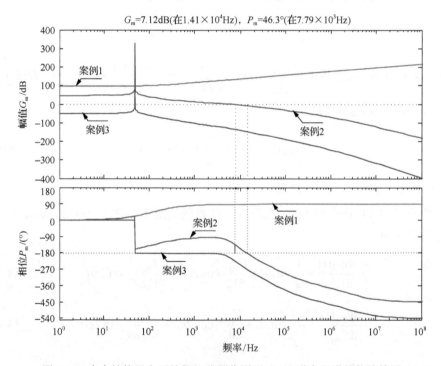

图 4.19 在有补偿器和无补偿器分别作用下 Boost 逆变器增益的波特图

3) 其他传递函数

$v_{C1}(t)$ 和 I_{max} 的关系式（$v_{C2}(t)$ 也有同样的关系式）为

$$v_{C1}(t) = \frac{V_{max}I_{max}}{8V_b\omega C}\sin 2\omega t \tag{4.54}$$

从 $i_{acN}(s)$ 到 $v_{C1ref}(s)$ 和 $v_{C2ref}(s)$ 的传递函数为

$$G_{r1}(s) = G_{r2}(s) = \frac{V_{max}}{8V_b \omega C} \frac{2\omega}{s^2 + 4\omega^2} \tag{4.55}$$

因此，从 $i_{acN}(s)$ 到 $v_{ac}(s)$ 的增益为

$$G_{r1}(s)G_{Boost}(s) - G_{r2}(s)G_{Boost}(s) = 0 \tag{4.56}$$

可以从上式中得出结论，负载的变化对输出电压无影响。

3. 仿真结果

基于 MATLAB/Simulink 仿真软件，引入电流反馈机制验证在加入波形控制方法时负载的变化对整个 Boost 逆变器的影响。仿真基于四分之一额定负载和额定负载，仿真中的参数如表 4.2 所示。

表 4.2　Boost 差分逆变器的参数选择

参数	值
输入电压 V_{dc}	90V
输出电压有效值	110V
额定功率 P	121W
基波频率 f	50Hz
开关频率 f_s	50kHz
电感 L_{dc1}、L_{dc2}	300μH
电容 C_1、C_2	15μF，薄膜电容
直流偏置电压 V_b	219V

系统运行在额定负载的情况下（I_{max}=1.55A），电容输出电压的参考值为

$$v_{C1}(t) = 219 + 77.75\sin\omega t + 6.9\cos 2\omega t + 29.3\sin 2\omega t \tag{4.57}$$

$$v_{C2}(t) = 219 - 77.75\sin\omega t + 6.9\cos 2\omega t + 29.3\sin 2\omega t \tag{4.58}$$

系统运行在四分之一负载的情况下（I_{max}=0.3875A），电容输出电压的参考值为

$$v_{C1}(t) = 219 + 77.75\sin\omega t + 6.9\cos 2\omega t + 7.3\sin 2\omega t \tag{4.59}$$

$$v_{C2}(t) = 219 - 77.75\sin\omega t + 6.9\cos 2\omega t + 7.3\sin 2\omega t \tag{4.60}$$

图 4.20(a)为用电流反馈机制在波形控制方法下工作在额定负载时电压和电流的波形，图 4.20(b)为工作在四分之一额定负载时电压和电流的波形，分别为逆

变器的输出电压 v_{ac}、电容电压 v_{C1} 和 v_{C2}、输出电流 i_{ac} 和输入电流 i_{dc} 的波形。从波形中可以看出，输入侧电流存在 2ω 电流纹波成分。

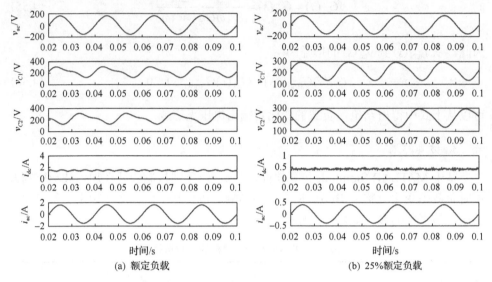

图 4.20　额定负载与 25%负载波形

图 4.21 展示了 Boost 逆变器的动态特性，按照输出电压、电容电压和输入电流对输出电流变化的暂态响应。仿真开始时，逆变器运行在额定负载状态，在 0.05s 把负载切换到额定负载的四分之一。在每一时刻都检测输出电流的幅值，通过测量输出电流的峰值可以检测到负载在 0.05s 阶跃下降，此时，根据式(4.57)～式(4.60)，控制器会计算出新的值 v_{C1} 和 v_{C2} 来更新输出的电容电压的参考值。根据式(4.56)，负载的减小仅仅会引起电容上电压的变化，而对逆变器的输出电压没有影响，同样的结论可以从图 4.21 中得出。仿真的结果说明系统能作出快速的动态响应，在 3ms 时间内回到稳态。

4.2.2　实验验证

本书搭建 Boost 逆变器的模型是为了验证利用电流反馈回路的波形控制方法，实验参数如表 4.2 所示，采用 DSP 实现系统数字化控制。

1. 纯阻性负载

图 4.22 (a)和(b)为纯阻性负载下，Boost 逆变器运行在稳态时的电压和电流波形。图 4.22 (a)为在额定负载下 ($Z=100\Omega$)，电容电压 v_{C1} 和 v_{C2}、输出电压 v_{ac} 和输入电流 i_{dc} 的波形，而图 4.22 (b)则为在四分之一额定负载下 ($Z=400\Omega$) 的波形图。从这两个图中可以看出，输入电流中有 2ω 的电流纹波分量。

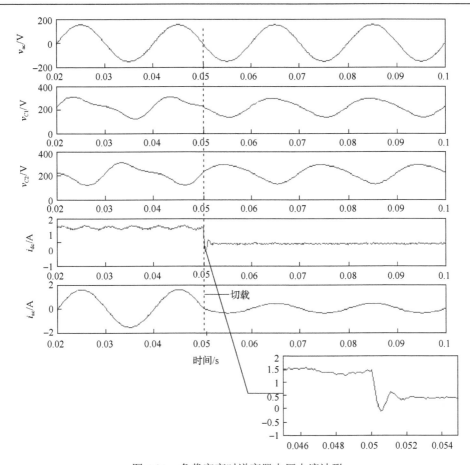

图 4.21　负载突变时逆变器电压电流波形

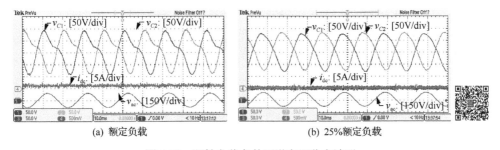

(a) 额定负载　　　　　　　　　　　(b) 25%额定负载

图 4.22　阻性负载条件下逆变器稳态波形

图 4.23(a)～(c)为纯阻性负载下，Boost 逆变器输入电压从 90V 变到 100V 时电压电流波形。图 4.23 中包括了输入电压 V_{dc}、输出电压 v_{ac}、输入电流 i_{dc}、输出电流 i_{ac}、电感电流 i_{Ldc1} 和 i_{Ldc2} 及电容电压 v_{C1}、v_{C2} 的波形。从图中能清楚看出，系统对于输入电压的阶跃变化有很好的动态响应。当输入电压增加时，电容电压、输出电压、电感电流和输出电流都保持不变，2ω 电流纹波得到有效抑制。

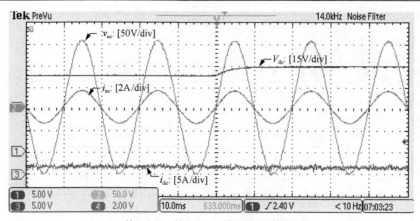

(a) 输入电压、输出电压、输入电流和输出电流

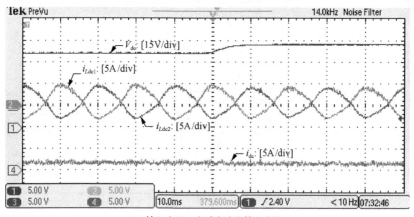

(b) 输入电压、电感电流和输入电流

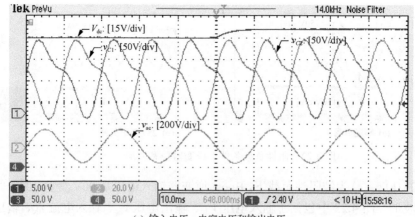

(c) 输入电压、电容电压和输出电压

图 4.23　输入电压从 90V 阶跃变化到 100V 的波形

图 4.24(a)～(c)为纯阻性负载下负载阶跃变化时，Boost 逆变器的电压和电流

波形。图 4.24(a) 为系统在额定负载下开始运行，在 260ms 的时刻切换到四分之一负载，然后在 745ms 恢复到额定负载运行。从案例 1 和案例 2 可以看出，输出电压的变化小于 0.5%。从案例 3 和案例 4 可以看出，输入电流在半个周期进入稳态。图 4.24(b) 为系统在额定负载下开始运行，在 310ms 切换到四分之一额定负载，然后在 700ms 又切回到额定负载运行。图 4.24(c) 为系统在额定负载下开始运行，在 280ms 切换到四分之一负载，然后在 730ms 恢复到额定负载运行。当负载变化时，系统总是能在 10ms 内进入到稳态。随着负载的变化，电容电压、输出电流和电感电流都会相应改变。但是，输出电压不变，并且输入电流中一直存在 2ω 电流纹波成分。

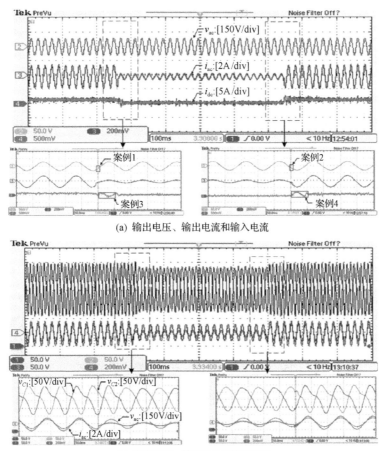

(a) 输出电压、输出电流和输入电流

(b) 电容电压、输出电压和输出电流

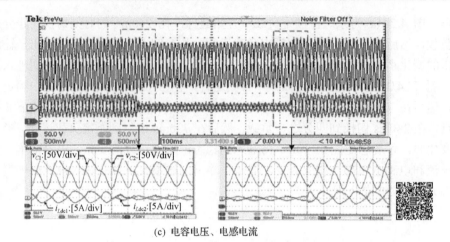

(c) 电容电压、电感电流

图 4.24　纯阻性负载下逆变器负载从额定负载跳变到四分之一负载波形

2. 阻容性负载

图 4.25(a)和(b)为阻容性负载下，Boost 逆变器工作在稳态时的电压和电流波形。图 4.25(a)为当 $Z=100\Omega//40\mu F$ 时，电容电压 v_{C1}、v_{C2} 输出电压 v_{ac} 和输入电流 i_{dc} 的波形。同样地，图 4.25(b)中，当 $Z=400\Omega//40\mu F$ 时的波形可以看到，输入电流中的 2ω 电流纹波大大地减小。

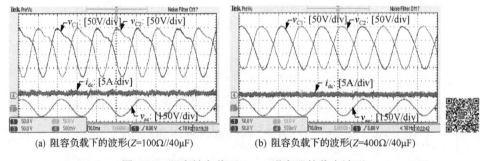

(a) 阻容负载下的波形($Z=100\Omega//40\mu F$)　　(b) 阻容负载下的波形($Z=400\Omega//40\mu F$)

图 4.25　阻容性负载下 Boost 逆变器的稳态波形

图 4.26(a)～(c)为在阻容性负载中，电阻变化而电容不变时，Boost 逆变器的电压和电流波形。图 4.26(a)为系统开始时以负载 $Z=100\Omega//40\mu F$ 工作，在 315ms 时 $Z=400\Omega//40\mu F$，在 700ms 时恢复到 $Z=100\Omega//40\mu F$。图 4.26(b)中，系统开始工作时 $Z=100\Omega//40\mu F$，在 270ms 时切换到 $Z=400\Omega//40\mu F$，在 690ms 时再切换到 $Z=100\Omega//40\mu F$。图 4.26(c)中，系统开始工作时 $Z=100\Omega//40\mu F$，在 340ms 时切换到 $Z=400\Omega//40\mu F$，在 670ms 时再切换到 $Z=100\Omega//40\mu F$。从图中可以看出，稳态建立时间小于 20ms，输入电流中 2ω 纹波电流被明显抑制。

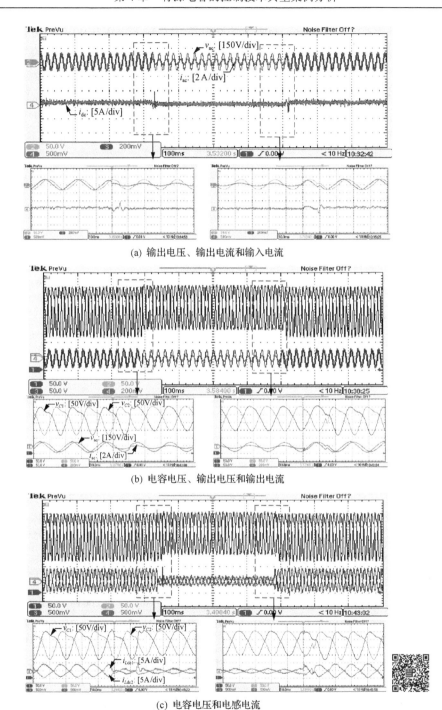

(a) 输出电压、输出电流和输入电流

(b) 电容电压、输出电压和输出电流

(c) 电容电压和电感电流

图 4.26　阻容性负载下逆变器负载从额定负荷跳变到四分之一负载的波形图

　　实验验证了负载从 25% 至 100% 额定负载变化和输入电压从 90V 到 105V 变化时的 Boost 逆变器效果。图 4.27(a) 显示的是不同输入电压时输出电压幅值与负载关系的实验数据。从图中可以看出，负载增加时，输出电压幅值减小，输入电压增加时，输出电压幅值增大。但是，输入电压和负载的变化对输出电压幅值的影响很小，表明控制作用取得了很好的效果。图 4.27(b) 显示的是不同输入电压下 2ω 纹波电流幅值与负载的关系的实验数据。从图中可以看出，在所有情况下纹波电流所占的百分比均小于 2%。

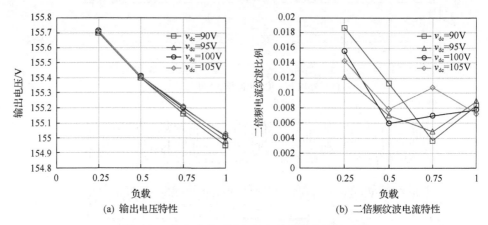

(a) 输出电压特性　　　　　　　　　(b) 二倍频纹波电流特性

图 4.27　负载变化对逆变器特性影响曲线关系图

4.3　整流器交流侧的有源电容控制

4.3.1　LED 差分输入整流系统

　　发光二极管(light emitting diode，LED) 以其节能、环保、高效、长寿命等诸多优点，成为新一代的绿色照明光源。随着 LED 照明技术的日益成熟，它将被广泛应用于各个领域，并成为照明光源的首选。制造高效率、高功率因数、长寿命的驱动电源是保证 LED 发光品质及整体性能的关键[36]。在市电输入的日常照明场合，常采用的驱动电源架构，分为适配器和驱动器两部分。适配器的功能是实现输入功率因数校正(power factor correction，PFC) 和 AC/DC，为后级 LED 驱动器提供稳定电压。驱动器由 LED 专门驱动芯片组成，为 LED 提供恒定的工作电流。两级式 LED 驱动电源可以较好的保证 LED 的发光品质，但是存在器件多、体积大、寿命短等缺点[37]。

　　假设 PFC 变换器输入功率因数为 1，则输入电流是与输入电压同频同相的正弦波。此时输入功率是正弦平方形式，要实现恒压输出，即输出功率恒定，需要采用容值较大的电解电容实现输入、输出功率的平衡[38,39]。电解电容的寿命与 LED

的工作寿命相差甚远，因此电解电容成为影响 LED 驱动电源整体寿命的主要因素。而且，电解电容体积较大，影响了驱动电源功率密度的进一步提高。在单位功率因数变换器中，为了去除 LED 驱动电源中的电解电容，目前主要有三种方法，其一是通过其他储能元件控制纹波功率[40,41]，当输入功率低于输出功率时，储能元件释放能量对输出端进行补偿；当输入功率高于输出功率时，将多余的能量储存在储能元件中。此方案虽然省去了电解电容，但是增加了额外的功率转换器，系统拓扑结构复杂，效率降低，系统体积、重量、成本都将增大。其二是采用降低输入功率因数的方法[42]，在输入电流中注入适量的低次谐波以降低输出电流峰均比，此方法虽然可以降低部分电解电容的容值，但存在两个不足，一是降低了输入功率因数(降为 0.9 左右)，二是提供给 LED 的工作电流是脉动的，不是恒定电流，会产生频闪现象。其三是输出脉动电流的方法[43]，直接为 LED 提供与输入整流后电压同相位的脉动电流，在实现 PFC 的同时，去除了电路中的电解电容，大大提高了 LED 驱动电源的寿命。但是，由于没有电解电容，驱动电流中含有两倍低频脉动功率，会产生频闪现象。

　　为了克服上述两级式 LED 驱动电源因使用电解电容而不能与 LED 的长寿命相配的严重缺陷，本节提出一种基于差分输入整流系统(结构图如图 4.28 所示)的波形控制方法，通过控制两只电容中点电压，实现不增加硬件成本，不使用电解电容、自动实现功率因数校正而得到高输入功率因数的无电解电容的高功率因数 LED 恒流驱动电源，并且通过仿真验证理论分析的正确性。这种 LED 发光系统的无电解电容高单位功率因数整流有助于保证电能质量，提高变换器功率密度，延长变换器的使用寿命，有利于促进绿色整流系统的推广应用。

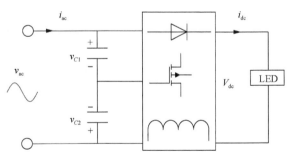

图 4.28　差分输入整流系统结构图

1. 差分输入整流器模型

　　差分输入整流器由两个相同的 DC/DC 变换器组成，通过不同的组合方式可以实现升压、降压或升降压整流。每个 DC/DC 变换器的控制策略相对独立，稳定输出的同时分别控制两只输入侧电容电压为带有直流偏置的交流正弦电压，如式(4.1)和式(4.2)，交流输入电压如式(4.3)，可以看出，两个 DC/DC 变换器电容上的电压经差分后只含有交流部分，无直流偏置电压，即为输入侧峰值为 $V_{\max}$ 的正弦交流电压。

假设 LED 差分输入整流器工作在单位功率因数状态下，则输入侧交流正弦电流为式(4.4)，因此可以得到输入功率 P_{ac} 如式(4.5)所示，可以得到输入功率中包含直流功率和 2 倍交流频率的脉动功率。

另一方面，该整流器的输出功率 P_{dc} 如式(4.6)所示，假设系统效率为 100%，并且输出电压恒为 V_{dc}，可以得到 I_{dc} 如式(4.7)，联立式(4.5)～式(4.7)可以得到 LED 整流系统输出电流中交流部分为 $i_{2\omega}(t)$ 如式(4.8)。

基于以上分析，若直流侧不添加大容量储能器件对脉动功率进行缓冲，LED 整流系统将会输出 2 倍频的低频电流纹波，严重影响发光质量。

2. 差分输入整流器的波形控制函数

结合式(4.1)和式(4.2)不难看出，若同时改变差分输入整流系统两个 DC/DC 变换器输入电压，在差分电容上添加相同的电压波形，经过差分后依然可以为输入侧交流正弦电压，并且通过选择合适的控制参数，整流后输出电压依然稳定。例如，类似于差分逆变系统，两只输出电容上同时添加波形控制函数 $F(t)$，可以得到差分电容电压如式(4.9)和式(4.10)所示。

且输入侧交流正弦电压依然为式(4.3)。虽然两只电容电压波形发生改变，但输入交流电压波形依然为期望的正弦电压，直流侧通过闭环控制依然稳定。

基于上述分析，如果能够控制输出侧两只电容 C_1、C_2 上的电压含有幅值相等、相位相反的二倍低频纹波，而且两只电容上的二倍脉动功率正好为直流侧所需的脉动功率，则脉动功率将在两只串联的电容及电网间环流，即电网所需的脉动功率被这两只电容就地进行了补偿，不再对直流侧造成影响。也就是说，如果对差分式输入整流器加以合适的控制，即对两只串联的电容电压进行波形控制就可以抑制直流侧的低频电流纹波。

4.3.2 LED 整流器的波形控制方法

如图 4.29 所示为 LED 差分输入整流器的电路拓扑结构，包括交流输入电源 v_{ac}、负载 LED、上边 DC/DC 变换器和下边 DC/DC 变换器，其中上边变换器包括差分电容 C_1、电感 L_{dc1} 和开关管 S_1、S_2，下边变换器包括差分电容 C_2、电感 L_{dc2} 和开关管 S_3、S_4，上下 DC/DC 变换器的结构对称；差分输入整流系统的交流输入电源与两个差分电容 C_1、C_2 串联，且整流输出电流为两只电感电流和。

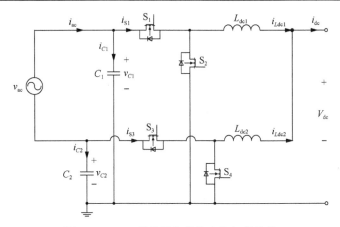

图 4.29　LED 差分输入整流电路拓扑结构

假设两个 DC/DC 变换器的输入电容电压分别为

$$v_{C1}(t) = V_b + kV_{max}\sin\omega t + B\sin(2\omega t + \varphi) \tag{4.61}$$

$$v_{C2}(t) = V_b - kV_{max}\sin\omega t + B\sin(2\omega t + \varphi) \tag{4.62}$$

式中，k 表示电容电压基波系数。

由 $i_C(t) = C\mathrm{d}v_C(t)/\mathrm{d}t$ 可以得到，两只差分电容 C_1 和 C_2 的电流分别为

$$i_{C1}(t) = C_1\frac{\mathrm{d}v_{C1}(t)}{\mathrm{d}t} = kC_1\omega V_{max}\cos\omega t + 2\omega C_1 B\cos(2\omega t + \varphi) \tag{4.63}$$

$$i_{C2}(t) = C_2\frac{\mathrm{d}v_{C2}(t)}{\mathrm{d}t} = (k-1)C_2\omega V_{max}\cos\omega t + 2\omega C_2 B\cos(2\omega t + \varphi) \tag{4.64}$$

由图 4.29 可得

$$i_{S1}(t) = i_{ac}(t) - i_{C1}(t) = I_{max}\sin\omega t - kC_1\omega V_{max}\cos\omega t + 2\omega C_1 B\cos(2\omega t + \varphi) \tag{4.65}$$

$$i_{S3}(t) = -i_{ac}(t) - i_{C2}(t) = -I_{max}\sin\omega t - (k-1)C_2\omega V_{max}\cos\omega t + 2\omega C_2 B\cos(2\omega t + \varphi) \tag{4.66}$$

则两只电感电流为

$$i_{Ldc1}(t) = \frac{i_{S1}(t)}{1-d_2} = \frac{i_{S1}(t)v_{C1}(t)}{V_{dc}} \tag{4.67}$$

$$i_{Ldc2}(t) = \frac{i_{S3}(t)}{1-d_4} = \frac{i_{S3}(t)v_{C2}(t)}{V_{dc}} \tag{4.68}$$

式中，d_2 和 d_4 分别为开关 S_2 和 S_4 的占空比。由此可以得到输出电流，即两只电感电流的和为

$$i_{dc}(t) = i_{Ldc1}(t) + i_{Ldc2}(t) = I_{dc} + i_{\omega}(t) + i_{2\omega}(t) + i_{3\omega}(t) + i_{4\omega}(t) \tag{4.69}$$

式中，i_{ω}、$i_{2\omega}$、$i_{3\omega}$ 和 $i_{4\omega}$ 分别为输出电流一次、二次、三次和四次谐波，各次部分如下所示。

$$i_{\omega}(t) = [kC_1 - (1-k)C_2]\left[-\frac{\omega V_{max}V_b}{V_{dc}}\cos\omega t + \frac{\omega BV_{max}}{2V_{dc}}\sin(\omega t + \varphi)\right] \tag{4.70}$$

$$
\begin{aligned}
i_{2\omega}(t) = & -\frac{I_{max}V_{max}}{2V_{dc}}\cos 2\omega t - \frac{2\omega B(C_1+C_2)V_b}{V_{dc}}\cos(2\omega t + \varphi) \\
& -\left[k^2C_1 - (1-k)^2C_2\right]\frac{\omega V_{max}^2}{2V_{dc}}\sin 2\omega t
\end{aligned}
\tag{4.71}
$$

$$i_{3\omega}(t) = [kC_1 - (1-k)C_2]\left[-\frac{3\omega V_{max}B}{2V_{dc}}\sin(3\omega t + \varphi)\right] \tag{4.72}$$

$$i_{4\omega}(t) = -\frac{\omega B^2(C_1+C_2)}{V_{dc}}\sin(4\omega t + 2\varphi) \tag{4.73}$$

期望输出电流里面交流纹波尽可能小，通过观察上式可知，满足以下关系时，i_{ω} 和 $i_{3\omega}$ 恒等于 0。

$$kC_1 = (1-k)C_2 \tag{4.74}$$

满足下式关系时 $i_{2\omega}$ 等于 0。

$$
\begin{aligned}
& -\frac{I_{max}V_{max}}{2V_{dc}}\cos 2\omega t - \frac{2\omega B(C_1+C_2)V_b}{V_{dc}}\cos(2\omega t + \varphi) \\
& -\left[k^2C_1 - (1-k)^2C_2\right]\frac{\omega V_{max}^2}{2V_{dc}}\sin 2\omega t = 0
\end{aligned}
\tag{4.75}
$$

通过式（4.75），可求得

$$k = \frac{C_2}{C_1 + C_2} \tag{4.76}$$

$$B = -\frac{V_{max}}{4\omega(C_1+C_2)V_{dc}}\sqrt{I_{max}^2+(kC_1\omega V_{max})^2} \tag{4.77}$$

$$\varphi = \arcsin\frac{I_{max}}{\sqrt{I_{max}^2+(kC_1\omega V_{max})^2}} - \frac{\pi}{2} \tag{4.78}$$

将所得 $v_{C1}(t)$ 和 $v_{C2}(t)$ 代入式(4.67)和式(4.68)，得到所需两只电感参考电流 i_{Ldc1} 和 i_{Ldc2}，通过控制两只电感上电流为此参考值，就可以实现在不增加任何硬件的前提下，实现单位功率因数，并且有效抑制低频电流纹波的效果。

4.3.3　波形控制方法特性分析

1. 波形控制方法差分输入整流器仿真验证

为了验证基于 LED 差分输入整流系统波形控制方法的有效性，建立差分输入整流器电路拓扑，进行仿真验算，$P=50\text{W}$，$v_{ac}(t)=110\sqrt{2}\sin\omega t$，$C_1=C_2=C=15\mu\text{F}$，$k=0.5$，$V_b=200\text{V}$，$B=-15.27\text{V}$，$\varphi=-0.52$。根据以上参数，可以求得电容参考电压，如式(4.79)和式(4.80)所示，进而得到电感电流参考电流，控制电感电流跟随其参考值得到仿真波形如图 4.30 所示。

$$v_{C1}(t)=200+77.78\sin\omega t-15.27\sin(2\omega t-0.52) \tag{4.79}$$

$$v_{C2}(t)=200-77.78\sin\omega t-15.27\sin(2\omega t-0.52) \tag{4.80}$$

图 4.30(a)所示为电感 L_{dc1}、L_{dc2} 和输出电流 i_{ac} 的参考电流和实际电流。如图所示，i_{Ldc1} 和 i_{Ldc2} 能够跟踪其参考值，从而保证输出电流中低频纹波被抑制。实际输出电流的纹波幅值为 0.3A，是直流均值(1.134A)的 27%。虽然纹波幅值比期望值要高，但是从图中观察可知其纹波主要为高频纹波，可以通过小的非电解电容抑制。

图 4.30(b)～(d)所示为输入电压的预期波形和实际波形。如图所示，v_{C1} 和 v_{C2} 的实际波形与预期的波形相重合。结果表明，通过控制电感电流所得电容电压波形自动跟随其期望值。

图 4.30(e)所示为输入电压和输入电流波形。如图所示，输入电流和输入电压为同相位正弦波形。尽管存在失真现象，但基本达到预期结果。

图 4.30(f)所示为实际占空比和预期占空比波形，两者波形相重合。

综上所述，通过以上控制器可以成功达到预期的波形控制效果。

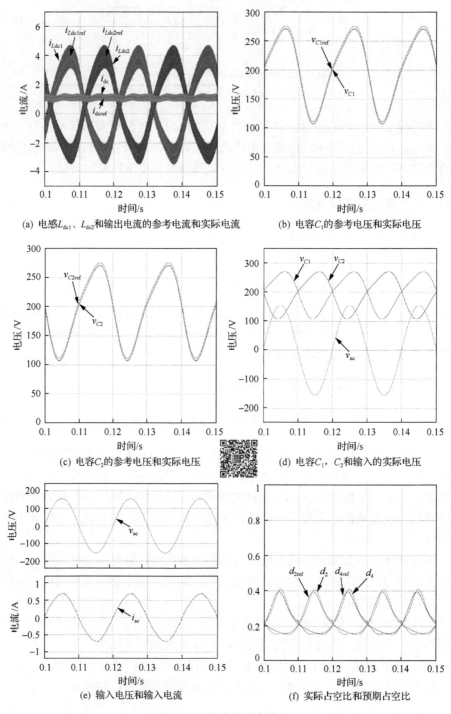

(a) 电感L_{dc1}、L_{dc2}和输出电流的参考电流和实际电流　　　(b) 电容C_1的参考电压和实际电压

(c) 电容C_2的参考电压和实际电压　　　(d) 电容C_1，C_2和输入的实际电压

(e) 输入电压和输入电流　　　(f) 实际占空比和预期占空比

图 4.30　整流器仿真波形

2. 二倍频率纹波电流部分流通环路

由于在直流侧无二倍频率纹波电流，必然在其他路径流通此纹波部分。图 4.31(a)~(c)所示为二倍纹波流通环路的三种可能情况，如流经电感、流经电容或者同时流过电感和电容。因为电感损耗要大于电容，二倍纹波电流流经电容时功率损耗较低，系统效率最优。

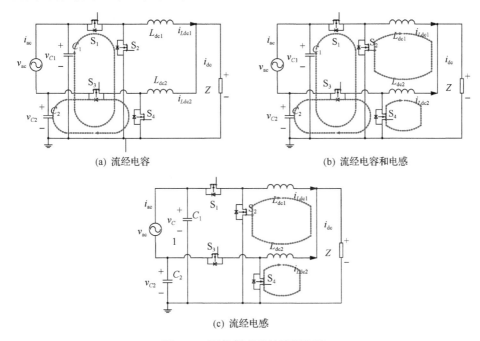

(a) 流经电容

(b) 流经电容和电感

(c) 流经电感

图 4.31　两倍频率纹波流通环路

4.3.4　实验验证

为验证所提控制方法，搭建如图 4.32(a)所示实验台架，表 4.3 为实验参数。在此差分输入逆变器系统中存在两个独立的电流控制环。控制模块如图 4.32(b)所示，首先计算出 k、B、φ 的值，求得电感电流的参考值 $i_{Ldc1ref}$ 和 $i_{Ldc2ref}$，实时检测电感的实际电流 i_{Ldc1} 和 i_{Ldc2} 与参考值比较，通过滞环控制输出开关管控制信号。

实验验证了负载从 25%至 100%额定负载变化和输入电压从 90V 到 105V 变化时的 Boost 逆变器效果。图 4.27(a)显示的是不同输入电压时输出电压幅值与负载关系的实验数据。从图中可以看出，负载增加时，输出电压幅值减小，输入电压增加时，输出电压幅值增大。但是，输入电压和负载的变化对输出电压幅值的影响很小，表明控制作用取得了很好的效果。图 4.27(b)显示的是不同输入电压下 2ω 纹波电流幅值与负载的关系的实验数据。从图中可以看出，在所有情况下纹波电流所占的百分比均小于 2%。

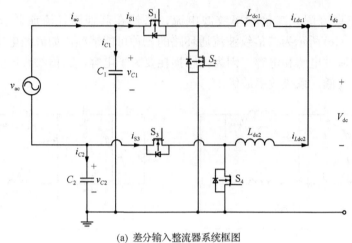

(a) 差分输入整流器系统框图

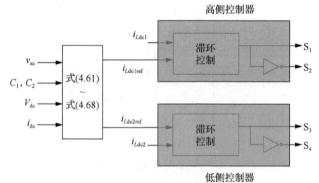

(b) 差分输入整流器系统控制框图

图 4.32 差分输入整流器系统及控制框图

表 4.3 实验参数

参数	值
输入电压有效值	110V
输出电压 V_{dc}	43.6V
额定功率 P	80W
基波频率 f	50Hz
开关频率 f_s	50kHz
电感 L_1、L_2	600μH
电容 C_1、C_2	15μF，薄膜电容

图 4.33(a)～(d) 所示为差分输入整流器电压、电流测量波形，其中负载 $Z=39\Omega$。

图 4.33(a) 所示为电感电流 i_{Ldc1}、i_{Ldc2} 和输出电流 i_{dc} 的波形。如图所示，电感电流波形可跟踪参考波形，输出电流中低频纹波部分被抑制。此实验中，输出电流纹波为 0.27A，占直流均值的 23%。

图 4.33(b) 所示为电容 C_1、C_2 的电压及输入电压。如图所示，电容电压波形与预期波形相同，都包含直流偏置部分。

图 4.33(c)～(d) 所示为输入侧电压和电流波形，及输入电流和输出电流的 FFT 分析。依图可知，输入电流没有严重失真，此系统可得较高功率因数及较少谐波成分。图 4.33(d) 所示，输入电流包含 100Hz 电流部分(占直流均值 2.6%)，三次部分(占直流均值 11.9)。输入电流总谐波失真为 10.45%，功率因数为 0.97。

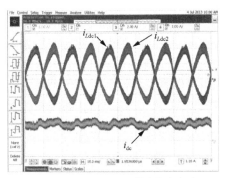

(a) 电感电流 i_{Ldc1}、i_{Ldc2} 和输出电流波形

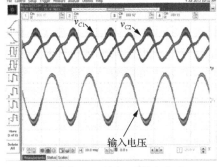

(b) 电容 C_1、C_2 的电压及输入电压

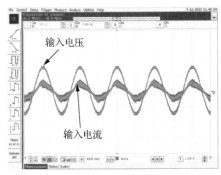

(c) 输入电压和电流波形

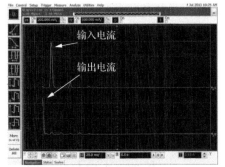

(d) 输入电流和输出电流的 FFT 分析

图 4.33　差分输入整流器实验波形

本节提出一种延长 LED 发光系统寿命的波形控制方法，对波形控制方法进行了详细的理论分析，并且选取合适的设计参数，仿真验证了所提方法的有效性。

本节针对 LED 单位功率因数整流系统中低频纹波的抑制，揭示低频纹波的产生机理和传播途径，采用差分输入整流系统，提出一种实现无电解电容，直流侧无低频纹波的单位功率因数整流的有源控制方法——波形控制法。该方法通过分别控制两只差分电容电压的方式将脉动功率控制在交流侧,有效抑制了 LED 整流系统直流侧低频电流纹波。该方法在不增加硬件成本的条件下,仅通过优化控制策略,保证单位功率因数的同时有效抑制了 LED 发光系统输出低频电流纹波。该方法还可用于光伏逆变、新能源并网及级联变换器间的解耦控制系统中。

4.4　交流侧的有源电容控制:一般化方法

新能源并网系统中,低频纹波功率将通过直流侧反馈到新能源载体,从而导致新能源载体输出能量波动、能量转化效率降低、威胁新能源载体的安全运行、严重影响新能源载体的寿命和稳定性,对新能源并网逆变系统级联变换器进行解耦控制成为一大热点。传统的级联变换器间解耦控制策略需要加入电解电容和有源滤波装置,其缺点是体积大、效率低且成本高。本书以新能源并网逆变器为依托,揭示低频纹波电流的产生机理和传播途径,提出并网模式下组合式电流型、离网模式下差分式电压型逆变器拓扑,同时提出可以抑制并网逆变系统中低频纹波方法,以实现新能源逆变系统级联变换器解耦控制策略。该电路拓扑族和控制策略的突出优点是:无电解电容和有源滤波装置,仅通过优化控制策略即可实现级联变换器间解耦控制。

4.4.1　单相变换系统谐波产生机理

当直流电流保持稳定的时候,期望双向逆变系统工作于单位功率因数。然而,直流与交流之间的功率并不平衡。当不加入电解电容或有源滤波器时,在单位功率因素条件下不平衡脉动功率总是反映在整流或逆变系统的直流电流上。同时,各种谐波电流或电网电压的波动会给整流或逆变系统引入纹波,将降低系统效率,增大功率损失和影响系统稳定性。本节重点讨论直流侧谐波抑制,交流侧扰动依然存在,分别推导了电流与电压的波动。

电网电压波动进行采样和 FFT 分析后可得到式(4.81)。

$$v_{ac}(t) = V_{H_0 max} \sin(H_0 \omega t + \varphi_0) + V_{H_1 max} \sin(H_1 \omega t + \varphi_1) + V_{H_2 max} \sin(H_2 \omega t + \varphi_2) \\ + \cdots + V_{H_n max} \sin(H_n \omega t + \varphi_n) \tag{4.81}$$

式中,$V_{H0max} \sin(H_0 \omega t)$ 是电网电压基波中的主要成分,还含有一系列谐波成分,如 $V_{Hnmax} \sin(H_n \omega t + \varphi_n)$。这些谐波成分将对变换系统造成危害,并且将在直流端产生脉动功率。由于逆变系统工作于单位功率因数,只含基波成分的交流侧电流可以表示成

$$i_{ac}(t) = I_{H0max} \sin(H_0 \omega t) \tag{4.82}$$

式中，I_{H0max} 为交流电流 i_{ac} 基波的幅值，式 (4.81) 与式 (4.82) 相乘得到交流输出功率为

$$
\begin{aligned}
p_{ac}(t) &= \frac{I_{H0max}V_{H0max}}{2}\left[\cos\varphi_0 - \cos(2H_0\omega t + \varphi_0)\right] \\
&+ \frac{I_{H0max}V_{H1max}}{2}\left\{\cos\left[(H_1 - H_0)\omega t + \varphi_1\right] - \cos\left[(H_1 + H_0)\omega t + \varphi_1\right]\right\} \\
&+ \frac{I_{H0max}V_{H2max}}{2}\left\{\cos\left[(H_2 - H_0)\omega t + \varphi_2\right] - \cos\left[(H_2 + H_0)\omega t + \varphi_2\right]\right\} \quad (4.83) \\
&\;\;\vdots \\
&+ \frac{I_{H0max}V_{Hnmax}}{2}\left\{\cos\left[(H_n - H_0)\omega t + \varphi_n\right] - \cos\left[(H_n + H_0)\omega t + \varphi_n\right]\right\}
\end{aligned}
$$

式中，$\dfrac{I_{H0max}V_{H0max}}{2}\cos\varphi_0$ 为直流成分；$\dfrac{I_{H0max}V_{H0max}}{2}\cos(2H_0\omega t + \varphi_0)$ 为二倍频率处的低频成分；$\dfrac{I_{H0max}V_{Hnmax}}{2}\left\{\cos\left[(H_n - H_0)\omega t + \varphi_n\right] - \cos\left[(H_n + H_0)\omega t + \varphi_n\right]\right\}$ 为干扰成分。

另一方面，变换系统的直流功率可表示为

$$
p_{dc}(t) = V_{dc}[I_{dc} + i_{rip}(t)] \quad (4.84)
$$

假设效率为 100%，直流电压为常数，则 I_{dc} 为

$$
I_{dc} = \frac{I_{H0max}V_{H0max}}{2V_{dc}}\cos\varphi_0 \quad (4.85)
$$

从式 (4.83)～式 (4.85) 得到直流电流中的交流成分 i_{rip} 为

$$
\begin{aligned}
i_{rip}(t) &= \frac{I_{H0max}V_{H0max}}{2V_{dc}}\cos(2H_0\omega t + \varphi_0) \\[2mm]
&+ \frac{\dfrac{I_{H0max}V_{H1max}}{2}\left\{\cos\left[(H_1 - H_0)\omega t + \varphi_1\right] - \cos\left[(H_1 + H_0)\omega t + \varphi_1\right]\right\}}{V_{dc}} \\[2mm]
&+ \frac{\dfrac{I_{H0max}V_{H2max}}{2}\left\{\cos\left[(H_2 - H_0)\omega t + \varphi_2\right] - \cos\left[(H_2 + H_0)\omega t + \varphi_2\right]\right\}}{V_{dc}} \quad (4.86) \\
&\;\;\vdots \\
&+ \frac{\dfrac{I_{H0max}V_{Hnmax}}{2}\left\{\cos\left[(H_n - H_0)\omega t + \varphi_n\right] - \cos\left[(H_n + H_0)\omega t + \varphi_n\right]\right\}}{V_{dc}}
\end{aligned}
$$

式 (4.86) 中的纹波电流和流经变换系统和耦合进另一级电路的谐波将会带来更多损耗。对交流电流具有扰动和谐波的功率进行分析，变换器的交流输出电压可表示为

$$v_{ac}(t) = V_{H0max} \sin \omega t \tag{4.87}$$

对交流电流进行采样后经 FFT 分析可表示为

$$i_{ac}(t) = I_{H0max} \sin(H_0 \omega t + \varphi_0) + I_{H1max} \sin(H_1 \omega t + \varphi_1) + I_{H2max} \sin(H_2 \omega t + \varphi_2)$$
$$+ \cdots + I_{Hnmax} \sin(H_n \omega t + \varphi_n) \tag{4.88}$$

式中，$I_{H0max} \sin(H_0 \omega t + \varphi_0)$ 为基波频率电流，$I_{Hnmax} \sin(H_n \omega t + \varphi_n)$ (n=1, 2, 3, $\cdots$) 为谐波成分，它会对系统造成危害，并且会在直流端产生脉动功率。

将式 (4.86) 与式 (4.87) 相乘可得输出功率 p_{ac} 为

$$p_{ac}(t) = \frac{V_{H0max} I_{H0max}}{2} [\cos \varphi_0 - \cos(2H_0 \omega t + \varphi_0)]$$
$$+ \frac{V_{H0max} I_{H1max}}{2} \{ \cos[(H_1 - H_0)\omega t + \varphi_1] - \cos[(H_1 + H_0)\omega t + \varphi_1] \}$$
$$+ \frac{V_{H0max} I_{H2max}}{2} \{ \cos[(H_2 - H_0)\omega t + \varphi_2] - \cos[(H_2 + H_0)\omega t + \varphi_2] \} \tag{4.89}$$
$$\vdots$$
$$+ \frac{V_{H0max} I_{Hnmax}}{2} \{ \cos[(H_n - H_0)\omega t + \varphi_n] - \cos[(H_n + H_0)\omega t + \varphi_n] \}$$

输出功率中二倍线频率成分反映在 $\cos 2\omega t$ 中，谐波成分反映在包含 H_n (n=1, 2, 3, $\cdots$) 的 $\frac{V_{H0max} I_{Hnmax}}{2} \{ \cos[(H_n - H_0)\omega t + \varphi_n] - \cos[(H_n + H_0)\omega t + \varphi_n] \}$ (n=1, 2, 3, $\cdots$) 中。

比较式 (4.83) 与式 (4.89)，可发现功率等式除了脉动部分的幅值不同外，其他的结构是一样的，这是由于不同点的电压或电流干扰是不同的。因此，基于上述双向变换系统的直流分析，可推导出 AC/DC 整流系统的直流脉动电流为

$$i_{rip}(t) = \frac{V_{H0max} I_{H0max} \cos(2H_0 \omega t + \varphi_0)}{2V_{dc}}$$
$$+ \frac{\dfrac{V_{H0max} I_{H1max}}{2} \{ \cos[(H_1 - H_0)\omega t + \varphi_1] - \cos[(H_1 + H_0)\omega t + \varphi_1] \}}{V_{dc}}$$
$$+ \frac{\dfrac{V_{H0max} I_{H2max}}{2} \{ \cos[(H_2 - H_0)\omega t + \varphi_2] - \cos[(H_2 + H_0)\omega t + \varphi_2] \}}{V_{dc}} \tag{4.90}$$
$$\vdots$$
$$+ \frac{\dfrac{V_{H0max} I_{Hnmax}}{2} \{ \cos[(H_n - H_0)\omega t + \varphi_n] - \cos[(H_n + H_0)\omega t + \varphi_n] \}}{V_{dc}}$$

如式 (4.90) 所示的纹波电流及流经变换系统和耦合进另一级电路的谐波将会带来更多损耗。

从以上分析结合图 4.34 可以看出,采用传统控制策略的 **AC/DC** 整流系统采用电解电容或额外器件来抑制这些谐波。因此,提出了下述基于双向变换系统的一般波形控制方法。

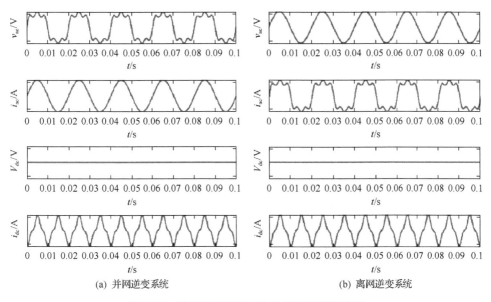

(a) 并网逆变系统　　　　　　　　　　(b) 离网逆变系统

图 4.34　采用传统控制方法的并网逆变器波形

4.4.2　逆变系统的一般化波形控制方法

如图 4.35 所示为直流源通过差分逆变器向负载传输交流能量的概述。图中差分逆变器的电容电压控制为式 (4.9) 和式 (4.10)。

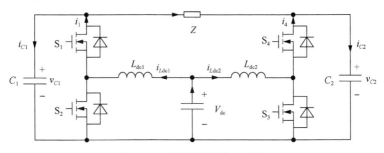

图 4.35　差分逆变器拓扑结构

由于 $v_{ac}(t) = v_{C1}(t) - v_{C2}(t) = V_{max}\sin\omega t$,实际的交流输出 v_{ac} 并不受波形函数的影响。通过引进合适的波形函数 $F(t) = B\sin(2\omega t + \varphi)$,将图 4.36(a) 中所示的

$v_{C1}(t)$ 和 $v_{C2}(t)$ 控制为图 4.36(b) 中所示波形, 可以有效抑制输入端电流纹波。并且通过波形控制方法(图 4.37 中所示)可以让输出端产生的脉动功率 $p_{pulsation}$ 只在输出电容间形成回路而不影响输入端供电电源。这是波形控制方法的基本原则。

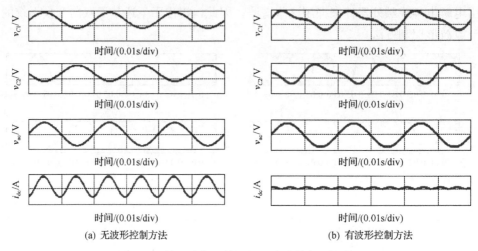

(a) 无波形控制方法　　　　　　　(b) 有波形控制方法

图 4.36　单位功率因数运行下差分逆变器的波形

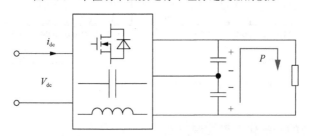

图 4.37　差分逆变器中的脉动电流回路

　　根据是否输送电力到电网, 常用的逆变器有并网型和离网型两种, 如图 4.38 所示。从外部特性的角度来看, 并网逆变器等效于一个通过输出电感与电网相连的电流源。输出电流应该为正弦以确保显示单位功率因数下传输的能量的量, 但并网侧的电压则取决于电力系统。接下来提出了在并网和离网模式下通过波形控制方法解决输入电流纹波的一般方法。

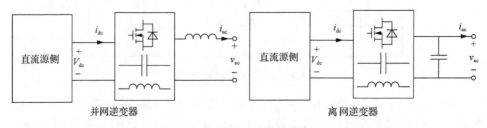

并网逆变器　　　　　　　　　　　离网逆变器

图 4.38　并/离网逆变器的系统结构

1. 离网逆变系统的波形控制方法

1）概述

应用基本波形控制方法的拓扑结构是一个直接的无需中间级调节的 DC/AC 转换器。应当指出，在这种差分逆变器中，两个级联的变换器在功能上是独立互不干扰的，即 v_{C1} 只能通过变换器 1 控制，v_{C2} 只能通过变换器 2 控制。一般情况下，这两个双向 DC/DC 变换器根据实际的应用可以是任何形式，包括带电流隔离的形式（反激、推挽、正激）。根据纹波流动的回路分析，通过波形函数的控制，输出的脉动功率在输出电容上流动而不流过输入电源。因此，对于离网逆变系统的一般性波形控制方法可以应用在任何带有两个电容串联的逆变器中，而不考虑逆变电路的具体细节。

2）算法

对波形控制方法进行合并，可以给出此类系统电容电压的一般性等式如下。

$$v_{C1}(t) = V_b + \frac{1}{2}V_{\max}\sin\omega t + F(t) + H_1(t) + H_2(t) + \cdots + H_n(t) \tag{4.91}$$

$$v_{C2}(t) = V_b - \frac{1}{2}V_{\max}\sin(\omega t) + F(t) + H_1(t) + H_2(t) + \cdots + H_n(t) \tag{4.92}$$

类似地，另一个波形控制函数 $H_n(t)$（$n=1,2,3,\cdots$）可以用来抑制其他各种谐波。通过改变电容的波形以适应输出侧的纹波，脉动的功率能够存储在电容上以及提供给负载。描述在电容和负载间流动的脉动功率的方程式如下。

$$p_{C\text{pul}}(t) + p_{Z\text{pul}}(t) = 0 \tag{4.93}$$

式中，$p_{C\text{pul}}(t)$ 为电容的脉动功率；$p_{Z\text{pul}}(t)$ 为负载的脉动功率，展开如下。

$$2CV_b F'(t) + \frac{1}{4}C\omega V^2_{\max}\sin 2\omega t - \frac{V_{\max}I_{\max}}{2}\cos(2\omega t + \varphi_0) + 2CF(t)F'(t)$$

$$+2CV_b H_1'(t) + \frac{V_{\max}I_{H1\max}}{2}\left\{\cos\left[(H_1 - 1)\omega t + \varphi_1\right] - \cos\left[(H_1 + 1)\omega t + \varphi_1\right]\right\} + 2CH_1(t)H_1'(t)$$

$$+2CV_b H_2'(t) + \frac{V_{\max}I_{H2\max}}{2}\left\{\cos\left[(H_2 - 1)\omega t + \varphi_2\right] - \cos\left[(H_2 + 1)\omega t + \varphi_2\right]\right\} + 2CH_2(t)H_2'(t)$$

$$\vdots$$

$$+2CV_b H_n'(t) + \frac{V_{\max}I_{Hn\max}}{2}\left\{\cos\left[(H_n - 1)\omega t + \varphi_n\right] - \cos\left[(H_n + 1)\omega t + \varphi_n\right]\right\} + 2CH_n(t)H_n'(t)$$

$$\tag{4.94}$$

式中，$H_1'(t)$，$H_2'(t)$，$\cdots$，$H_n'(t)$ 为波形控制函数的一次导数。$2CF(t)F'(t)$、$2CH_1(t)H_1'(t)$，$2CH_2(t)H_2'(t)$，$\cdots$，$2CH_n(t)H_n'(t)$ 为高阶成分，其值很小，因而可忽略不计。

通过把 $F'(t)$、$H_1'(t)$，$H_2'(t)$，$\cdots$，$H_n'(t)$ 独立地限制在 AC 交流侧，可以对基波频率 2 倍、H_1 倍、H_2 倍、$\cdots$，H_n 倍的纹波脉动功率进行抑制。然后，波形控制函数可以通过解以下方程组得到。

$$2CV_bF'(t)+\frac{1}{4}C\omega V^2_{\max}\sin 2\omega t-\frac{V_{\max}I_{\max}}{2}\cos(2\omega t+\varphi_0)=0 \tag{4.95}$$

$$2CV_bH_1'(t)+\frac{V_{\max}I_{H1\max}}{2}\left\{\cos\left[(H_1-1)\omega t+\varphi_1\right]-\cos\left[(H_1+1)\omega t+\varphi_1\right]\right\}=0 \tag{4.96}$$

$$2CV_bH_2{}'(t)+\frac{V_{\max}I_{H2\max}}{2}\left\{\cos\left[(H_2-1)\omega t+\varphi_2\right]-\cos\left[(H_2+1)\omega t+\varphi_2\right]\right\}=0 \tag{4.97}$$

$$\vdots$$

$$2CV_bH_n{}'(t)+\frac{V_{\max}I_{Hn\max}}{2}\left\{\cos\left[(H_n-1)\omega t+\varphi_n\right]-\cos\left[(H_n+1)\omega t+\varphi_n\right]\right\}=0 \tag{4.98}$$

抑制两倍线频率脉动功率的波形控制函数为 $F(t)=B\sin(2\omega t+\varphi)$。联立可以解得幅值 B 的表达式为

$$B=\frac{V_{\max}}{8V_b\omega C}\sqrt{I_{\max}^2-\frac{C\omega V_{\max}I_{\max}\sin\varphi_0}{2}+\frac{\omega^2C^2V_{\max}^2}{4}} \tag{4.99}$$

相角 φ 的表达式为

$$\varphi=\frac{\pi}{2}-\arcsin\frac{I_{\max}\cos\varphi_0}{\sqrt{I_{\max}^2-\dfrac{C\omega V_{\max}I_{\max}\sin\varphi_0}{2}+\dfrac{\omega^2C^2V_{\max}^2}{4}}} \tag{4.100}$$

抑制纹波功率的波形控制函数 $H_1(t),H_2(t),\cdots,H_n(t)$ 的表达式为

$$H_1(t)=\frac{V_{\max}I_{H1\max}}{4V_bC(H_1+1)\omega}\sin\left[(H_1+1)\omega t+\varphi_1\right]-\frac{V_{\max}I_{H1\max}}{4V_bC(H_1-1)\omega}\sin\left[(H_1-1)\omega t+\varphi_1\right]$$

$$\tag{4.101}$$

$$H_2(t)=\frac{V_{\max}I_{H2\max}}{4V_bC(H_2+1)\omega}\sin\left[(H_2+1)\omega t+\varphi_2\right]-\frac{V_{\max}I_{H2\max}}{4V_bC(H_2-1)\omega}\sin\left[(H_2-1)\omega t+\varphi_2\right]$$

$$\tag{4.102}$$

$$H_n(t) = \frac{V_{\max} I_{Hn\max}}{4V_b C(H_n+1)\omega} \sin\left[(H_n+1)\omega t + \varphi_n\right] - \frac{V_{\max} I_{Hn\max}}{4V_b C(H_n-1)\omega} \sin\left[(H_n-1)\omega t + \varphi_n\right]$$

$$(4.103)$$

利用上述等式可以得到波形控制函数，因为在式(4.103)中的变量为 H_n，而 H_n 可以由采样后的 FFT 分析中获得。当增加 n 次谐波的 $I_{Hn\max}$ 时，需要一个与其谐波相对应的波形控制函数 $H_n(t)$。另外，随着式(4.103)中加入 $H_n(t)$，式(4.91)和式(4.92)中的电容电压也会发生变化。通过用一般性的波形控制方法对电容电压进行控制，由交流输出侧和谐波引起的脉动功率可以控制在交流负载和电容之间，几乎对直流侧无影响。

3）大功率

随着电功率的不断增加，由于其简洁与便利，多模块化串联的变换器越来越被普遍使用。图 4.39 是一个交流侧有 k 个电容串联的逆变系统。

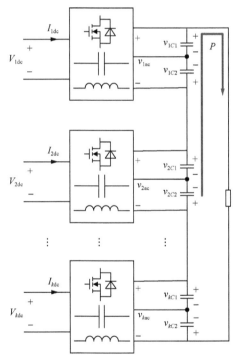

图 4.39　k 个逆变器串联的 DC/AC 逆变系统脉动功率的流向

在系统中引入波形控制，电容电压的一般性公式可以表示为

$$v_{1C1}(t) = V_{1dc} + \frac{1}{2}V_{1max}\sin\omega t + F_1(t) + H_{11}(t) + H_{12}(t) + \cdots + H_{1n}(t) \tag{4.104}$$

$$v_{1C2}(t) = V_{1dc} - \frac{1}{2}V_{1max}\sin\omega t + F_1(t) + H_{11}(t) + H_{12}(t) + \cdots + H_{1n}(t) \tag{4.105}$$

$$v_{2C1}(t) = V_{2dc} + \frac{1}{2}V_{2max}\sin\omega t + F_2(t) + H_{21}(t) + H_{22}(t) + \cdots + H_{2n}(t) \tag{4.106}$$

$$v_{2C2}(t) = V_{2dc} - \frac{1}{2}V_{2max}\sin\omega t + F_2(t) + H_{21}(t) + H_{22}(t) + \cdots + H_{2n}(t) \tag{4.107}$$

$$\vdots$$

$$v_{kC1}(t) = V_{kdc} + \frac{1}{2}V_{kmax}\sin\omega t + F_k(t) + H_{k1}(t) + H_{k2}(t) + \cdots + H_{kn}(t) \tag{4.108}$$

$$v_{kC2}(t) = V_{kdc} - \frac{1}{2}V_{kmax}\sin\omega t + F_k(t) + H_{k1}(t) + H_{k2}(t) + \cdots + H_{kn}(t) \tag{4.109}$$

式中，k 为串联逆变器的数量。每一个逆变器的输出侧都包含两个电容。这样，波形控制函数表示为 $F_k(t) + H_{k1}(t) + H_{k2}(t) + \cdots + H_{kn}(t)$，其中 k=1, 2, 3, $\cdots$，表示每一对电容。在这样的结构中，各个逆变器的输出电压可以表示为

$$v_{kac}(t) = v_{kC1}(t) - v_{kC2}(t) = V_{kmax}\sin\omega t \tag{4.110}$$

同时，带有串联电容的逆变器的输出电压为

$$v_{ac}(t) = v_{1ac}(t) + v_{2ac}(t) + \cdots + v_{kac}(t) = V_{max}\sin\omega t \tag{4.111}$$

2. 并网逆变器的波形控制方法

1）概述

图 4.40 是一个典型的 H 桥逆变器带电感输出的并网逆变器系统。这里是 k 个并网逆变器带电感的例子，它们每个都包含 2 平行输出电感。两个输出电感的电流为

$$i_{Lac1}(t) = I_{dc} + \frac{1}{2}I_{max}\sin\omega t \tag{4.112}$$

$$i_{Lac2}(t) = -I_{dc} + \frac{1}{2}I_{max}\sin\omega t \tag{4.113}$$

因此，电流注入电网的值是电感电流的总和。

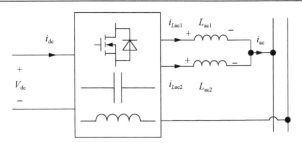

图 4.40　并网逆变器的脉动功率回路

2) 算法

结合波形控制，一般并网逆变器系统的电感电流方程可以给出。

$$i_{Lac1}(t) = I_{dc} + \frac{1}{2}I_{max}\sin\omega t + (F(t) + H_1(t) + H_2(t) + \cdots + H_n(t)) \quad (4.114)$$

$$i_{Lac2}(t) = -I_{dc} + \frac{1}{2}I_{max}\sin\omega t - (F(t) + H_1(t) + H_2(t) + \cdots + H_n(t)) \quad (4.115)$$

电感的电压可以由式(4.114)和式(4.115)得到，即

$$v_{Lac1}(t) = L_{ac1}\left(\frac{1}{2}I_{max}\omega\cos\omega t + F'(t) + H_1'(t) + H_2'(t) + \cdots + H_n'(t)\right) \quad (4.116)$$

$$v_{Lac2}(t) = L_{ac2}\left(\frac{1}{2}I_{max}\omega\cos\omega t - F'(t) + H_1'(t) + H_2'(t) + \cdots + H_n'(t)\right) \quad (4.117)$$

通过改变电感器的波形自适应电网中的干扰电压，脉冲电源可以存储在电感器中。以下方程描述脉动功率在电感器和电网之间的流动。

$$p_{Lpul}(t) + p_{Gpul}(t) = 0 \quad (4.118)$$

式中，$p_{Lpul}(t)$ 为电感器的脉动功率；$p_{Gpul}(t)$ 为电网的脉动功率。

这使得

$$2L_{ac}I_{dc}F'(t) + \frac{1}{4}L_{ac}\omega I^2{}_{max}\sin 2\omega t - \frac{V_{max}I_{max}}{2}\cos(2\omega t + \varphi_0) + 2L_{ac}F(t)F'(t)$$

$$+2L_{ac}I_{dc}H_1'(t) + \frac{I_{max}V_{H1max}}{2}\left\{\cos[(H_1-1)\omega t + \varphi_1] - \cos[(H_1+1)\omega t + \varphi_1]\right\} + 2L_{ac}H_1(t)H_1'(t)$$

$$+2L_{ac}I_{dc}H_2'(t) + \frac{I_{max}V_{H2max}}{2}\left\{\cos[(H_2-1)\omega t + \varphi_2] - \cos[(H_2+1)\omega t + \varphi_2]\right\} + 2L_{ac}H_2(t)H_2'(t)$$

$$\vdots$$

$$+2L_{ac}I_{dc}H_n'(t) + \frac{I_{max}V_{Hnmax}}{2}\left\{\cos[(H_n-1)\omega t + \varphi_n] - \cos[(H_n+1)\omega t + \varphi_n]\right\} + 2L_{ac}H_n(t)H_n'(t) = 0$$

$$(4.119)$$

$2L_{ac}F(t)F'(t)$、$2L_{ac}H_1(t)H_1'(t)$，$2L_{ac}H_2(t)H_2'(t)$，$\cdots$，$2L_{ac}H_n(t)H_n'(t)$ 中的部分因为高阶和小值可以忽略。脉动的缓解分量包括 $H_1, H_2, \cdots, H_n$ 倍的基频谐波是通过 $H_1'(t), H_2'(t), \cdots, H_n'(t)$ 在交流侧缓解。然后，波形控制功能可以通过以下方程得到解决。

$$2L_{ac}I_{dc}F'(t) + \frac{1}{4}L_{ac}\omega I^2_{max}\sin 2\omega t - \frac{V_{max}I_{max}}{2}\cos(2\omega t + \varphi_0) = 0 \tag{4.120}$$

$$2L_{ac}I_{dc}H_1'(t) + \frac{I_{max}V_{H1max}}{2}\left\{\cos\left[(H_1-1)\omega t + \varphi_1\right] - \cos\left[(H_1+1)\omega t + \varphi_1\right]\right\} = 0 \tag{4.121}$$

$$2L_{ac}I_{dc}H_2'(t) + \frac{I_{max}V_{H2max}}{2}\left\{\cos\left[(H_2-1)\omega t + \varphi_2\right] - \cos\left[(H_2+1)\omega t + \varphi_2\right]\right\} = 0 \tag{4.122}$$

$$\vdots$$

$$2L_{ac}I_{dc}H_n'(t) + \frac{I_{max}V_{Hnmax}}{2}\left\{\cos\left[(H_n-1)\omega t + \varphi_n\right] - \cos\left[(H_n+1)\omega t + \varphi_n\right]\right\} = 0 \tag{4.123}$$

可以得出 B 为

$$B = \frac{I_{max}}{8I_{dc}\omega L_{ac}}\sqrt{V^2_{max} - \frac{L_{ac}\omega V_{max}I_{max}\sin\varphi_0}{2} + \frac{\omega^2 L^2_{ac}I^2_{max}}{4}} \tag{4.124}$$

可得出相位角 φ 为

$$\varphi = \frac{\pi}{2} - \arcsin\frac{V_{max}\cos\varphi_0}{\sqrt{V^2_{max} - \frac{L_{ac}\omega V_{max}I_{max}\sin\varphi_0}{2} + \frac{\omega^2 L^2_{ac}I^2_{max}}{4}}} \tag{4.125}$$

波形控制函数 $H_1(t)$，$H_2(t)$，$\cdots$，$H_n(t)$ 为缓解脉动功率引起的谐波可以派生为

$$H_1(t) = \frac{I_{max}V_{H1max}}{4I_{dc}L_{ac}(H_1+1)\omega}\sin\left[(H_1+1)\omega t + \varphi_1\right] - \frac{I_{max}V_{H1max}}{4I_{dc}L_{ac}(H_1-1)\omega}\sin\left[(H_1-1)\omega t + \varphi_1\right]$$

$$\tag{4.126}$$

$$H_2(t) = \frac{I_{max}V_{H2max}}{4I_{dc}L_{ac}(H_2+1)\omega}\sin\left[(H_2+1)\omega t + \varphi_2\right] - \frac{I_{max}V_{H2max}}{4I_{dc}L_{ac}(H_1-1)\omega}\sin\left[(H_1-1)\omega t + \varphi_2\right]$$

$$\tag{4.127}$$

$$\vdots$$

$$H_n(t) = \frac{I_{\max}V_{Hn\max}}{4I_{dc}L_{ac}(H_n+1)\omega}\sin\left[(H_n+1)\omega t + \varphi_n\right] - \frac{I_{\max}V_{Hn\max}}{4I_{dc}L_{ac}(H_1-1)\omega}\sin\left[(H_1-1)\omega t + \varphi_n\right]$$

$$(4.128)$$

与离网的逆变器波形控制功能相似。通过这种方法，脉动功率和干扰功率可以控制在电感和电网之间，很少影响直流侧。

3）大功率

并网转换器也可以多模块并行。

$$i_{kac}(t) = i_{kLac1}(t) + i_{kLac2}(t) = I_{k\max}\sin\omega t \qquad (4.129)$$

在 k 个并联的逆变器中，每个逆变器包含 2 个电感在输出端。这里，波形控制函数 $F_k(t) + H_{k1}(t) + H_{k2}(t) + \cdots + H_{kn}(t)$，当 $k=1,2,3,\cdots$ 时每个逆变器都包含有一组电容器，如图 4.41 所示。

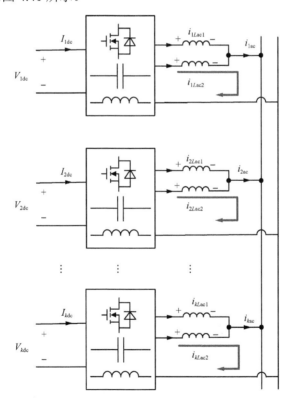

图 4.41　k 个逆变器并联系统及其能量回路

同时，输出电流为每个逆变器的电流总和。

$$i_{ac}(t) = i_{1ac}(t) + i_{2ac}(t) + \cdots + i_{kac}(t) = I_{max}\sin\omega t \quad (4.130)$$

假设电网电压为正弦时，电压的波动将导致每个逆变器的直流电流谐波。因此，每个逆变器的功率方程模块化之后可以得到

$$p_{kpul}(t) = \frac{I_{kmax}}{I_{max}}p_{pul}(t) \quad (4.131)$$

式中，$p_{kpul}(t)$ 为第 k 个逆变器的脉动功率；$p_{pul}(t)$ 为并联系统的总脉动功率。

4.4.3　整流系统的一般化波形控制方法

波形控制方法系统如上所述可以广泛应用于逆变器，代替有源滤波器的作用来减轻倍频谐波频率脉动，并且没有添加任何额外的硬件或电力电容器。与此同时，在整流系统中，类似于逆变系统，可能针对交流侧每只电容对应的双向 DC/DC 变换器，采用波形控制方法，实现交流侧功率解耦目的，如图 4.42 所示的整流系统。AC/DC 转换系统与离网逆变器系统结构相同，能量流向相反方向。在单位功率因素整流器运行时，直流侧的倍频频率纹波电流将产生对负载的负面影响。同时，扰动的电网电压经常导致直流侧的谐波。交流直流转换系统中波形控制方法正常运行能够减少纹波和谐波。一般化波形控制的整流器的建模和分析与一般化逆变器波形控制方法类似，在此不再赘述。

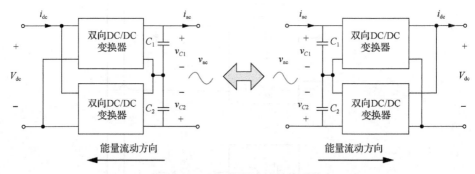

图 4.42　双向交流/直流转换系统

4.4.4　实验验证

为了验证离网型逆变器串联波形控制方法的有效性，搭建了两个逆变器输出侧串联的实验平台。实验参数如表 4.4 所示。

表 **4.4**　实验参数

参数	值
输入电压 V_{dc}	30V
输出电压有效值	70V
额定功率 P	25W
基波频率 f	50Hz
开关频率 f_s	50kHz
电感 L_1、L_2	300μH
电容 C_1、C_2	15μF

图 4.43 所示为单个逆变器输出电压 v_{1ac}、v_{2ac} 及系统交流侧输出电压 v_{ac} 波形。如图所示，电压波形都为 50Hz 的正弦波形，其中 v_{ac} 等于 v_{1ac}、v_{2ac} 之和。

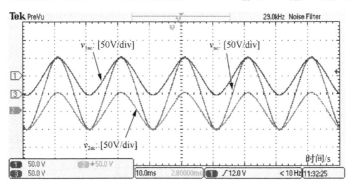

图 4.43　输出电压波形

图 4.44 和图 4.45 为阻性负载额定功率情况下逆变器电压和电流的波形。图 4.44 所示为未使用波形控制方法时输出电压 v_o、输出电流 i_o、单个逆变器输入电流 i_{in1} 和 i_{in2} 波形。图 4.45 所示为使用波形控制方法时输出电压 v_o、输出电流 i_o、单个逆变器输入电流 i_{in1} 和 i_{in2} 波形。对比两图可知，输出电压均为正弦波形其 THD 值很低。采用波形控制方法，输入侧电流低频纹波抑制效果明显。

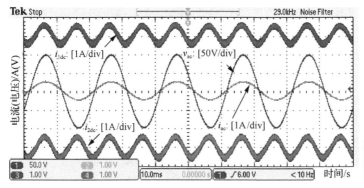

图 4.44　未使用波形控制方法的波形

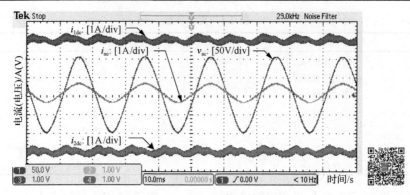

图 4.45　使用电压控制方法的波形

4.5　直流侧的有源电容闭环控制

4.5.1　有源阻尼控制方法

本节的闭环控制策略仅需要解耦模块端口信息，通过直流侧端口电压信息控制流入解耦模块的纹波电流，以抑制直流侧电压中的纹波电压。不在原电路上添加额外的传感器，并在负载发生变化后有效抑制直流侧低频电流纹波。

1. 有源阻尼方法概述

本节以 Boost 解耦电路为例进行分析，电路拓扑结构和控制框图如图 4.46 所示。解耦模块如图中虚线框内所示，可以实现能量双向流通，其解耦电容 (Boost 输出电容) 电压大于直流侧端电压。图 4.46 中 r_s 为电压源内阻。

该升压型双向 Buck/Boost 功率解耦电路采用该闭环控制方法，仅需要解耦模块端口信息，便能实现闭环控制策略。功率解耦模块控制与主电路控制相互独立。

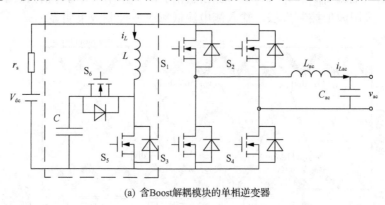

(a) 含Boost解耦模块的单相逆变器

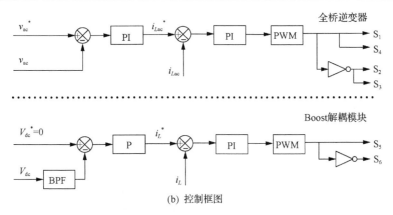

(b) 控制框图

图 4.46　含 Boost 解耦模块的单相逆变器及控制框图

该方法仅需要解耦模块端口信息，通过直流侧端口电压信息控制流入解耦模块的纹波电流，以抑制直流侧电压中的纹波电压。

在功率解耦模块中，首先将直流侧电压 V_{dc} 经过带通滤波器，保留其中二倍低频纹波电压成分，与给定 0 做比较，再经过比例控制器可得系统二倍低频纹波电流信息，再根据不同有源拓扑结构中电感电流与系统二倍低频纹波电流的关系得到电感电流的给定值，使解耦模块的电感电流近似跟踪系统纹波电流，电流误差信号经过 PI 控制器输出互补的 PWM 信号，控制解耦模块开关管。

当单相逆变器的前端是直流电压源时，由于直流源含有内阻，二倍频纹波电流经过时会有二倍低频纹波电压产生。当前端是级联变换器时，其内阻为级联变换器的等效输出阻抗，也会导致在纹波电流经过时会有低频纹波电压产生。此时，通过在直流侧并联一个电阻分流，当并联电阻远小于直流源内阻或者级联变换器的等效输出阻抗时，可以使大部分纹波电流流经并联电阻，从而抑制二倍低频纹波电流对前端影响。因此，根据在直流侧并联电阻的大小可以设计控制框图中的比例控制器，控制流入解耦模块的纹波电流，从而抑制直流侧电压中的纹波电压。

2. 有源阻尼控制方法分析

根据小信号建模，占空比对电感电流的传递函数可表达为

$$G_{\mathrm{p}}(s) = \frac{CV_{\mathrm{dc}}s}{LCs^2 + (1-D)^2} \tag{4.132}$$

式中，L 和 C 为 Boost 型解耦模块的电感和电容值；D 为解耦电路的占空比。

在系统补偿前，原开环增益函数为

$$G_{\text{open}}(s) = H(s)G_{\text{m}}(s)G_{\text{p}}(s) \tag{4.133}$$

式中，$H(s) = 1$；$G_{\text{m}}(s) = 1$。

系统补偿前的伯德图如图 4.47 所示。

从图中可以看出，系统的截止频率很小，为 0.873Hz，并且带宽很窄，系统不能很好地被控制。因此，应当设计合适的控制器来实现较宽带宽和较好的动态响应。

假设补偿网络为 $G_{\text{c}}(s)$，系统补偿后的闭环增益函数为 $G_{\text{p}}(s) * G_{\text{p0}}(s)$，根据截止频率是系统开关频率的十分之一，相位裕度为 45° 的原则，假设补偿网络的表达式如下：

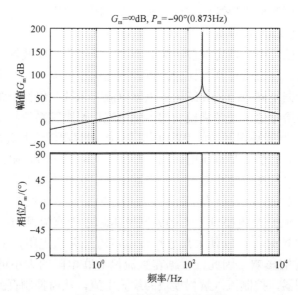

图 4.47　系统补偿前的伯德图

$$G_{\text{c}}(s) = K_{\text{c}} \cdot \left(\frac{1}{s} \cdot \frac{1 + \dfrac{s}{\omega_{\text{z}}}}{1 + \dfrac{s}{\omega_{\text{p}}}} \right) \tag{4.134}$$

则系统补偿后的传递函数伯德图如图 4.48 所示。

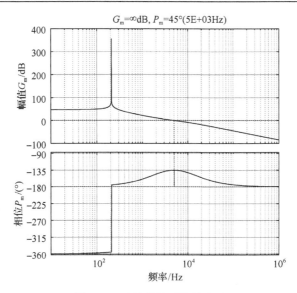

图 4.48　系统补偿后的伯德图

从图中可以看出，系统的截止频率刚好为开关频率的十分之一，并且相位裕度为 45°，符合要求。

4.5.2　有源电容控制方法

1. 二端口有源电容原理及其开环控制

二端口有源电容电路拓扑如图 4.49 所示[44]。全桥电路用来吸收 C_1 的纹波电压。

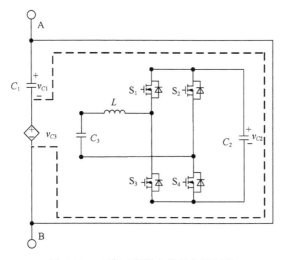

图 4.49　二端口有源电容的电路拓扑

　　开环控制框图如图 4.50 所示[45]。控制信号仅采集了 v_{C1} 与 v_{C2} 作为反馈信号，无需外部电路的任何反馈信号，二端口有源电容依然能够独立地工作。电容 C_1 的电压由直流偏置和纹波电压两部分组成。为了使 AB 端口输出为稳定的直流电压，可通过控制使 v_{C3} 与 v_{C1} 的纹波电压幅值相等、相位相反。两者叠加后，纹波电压抵消，使 AB 端得到稳定的直流电压。其控制部分由两个支路组成，第一个支路通过高通滤波器(high pass filter，HPF)提取 v_{C1} 上的交流分量，取反得到 v_{con1} 作为 v_{C3} 参考信号。在实际电路工作过程中，变换器的元件会有损耗，使 v_{C2} 电压逐步降低，进而导致逆变失败。第二个环路控制有功输入以补偿变换器的运行损耗，从而使 v_{C2} 恒定。由二端口有源电容拓扑可知，流过全桥的电流与流过 C_1 的电流 i_{C1} 同相位，超前 C_3 电压 90°(v_{con2} 和 i_L 的相位相同，与 v_{con1} 成 90°相移)，为了实现电路工作效率最大，将 PI 控制器输出的稳态直流信号与 i_L 的相位相乘得到参考信号 v_{con2}，使 C_3 一部分电压与 i_L 同相位，实现有功功率补偿。

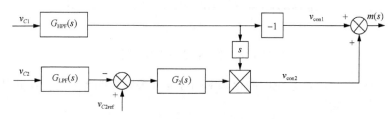

图 4.50　二端口有源电容的控制框图

　　在电路分析中，假设电容和开关管均为理想器件，忽略 LC 滤波器。二端口有源电容的等效模型如图 4.51 所示。可得二端口有源电容的大信号模型为

$$\begin{cases} C_2 \dfrac{\mathrm{d}v_{C2}(t)}{\mathrm{d}t} = C_1 \dfrac{\mathrm{d}v_{C1}(t)}{\mathrm{d}t} m(t) \\ v_{C2}(t)m(t) = v_{C3}(t) \end{cases} \tag{4.135}$$

式中，$m(t)$ 为调制比。

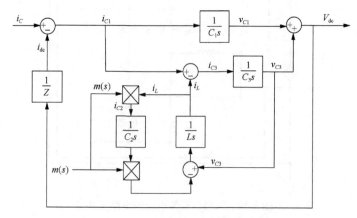

图 4.51　二端口有源电容的等效电路图

忽略二阶交流量，电路小信号模型为

$$
\begin{cases}
C_2 \Delta v_{C2} s = C_1 \Delta v_{C1} M s \\
\Delta v_{C2} M + \Delta m v_{C2} - \Delta v_{C3} = 0
\end{cases}
\tag{4.136}
$$

式中，M 为调制指数。

由图 4.50 中所示的二端口有源电容的控制框图，可得调制信号为

$$
\Delta m = \frac{-\alpha G_{\text{HPF}}(s)\Delta v_{C1} + G_2(s)G_{\text{LPF}}(s)\Delta v_{C2}}{V_{\text{tri}}}
\tag{4.137}
$$

式中，V_{tri} 为 PWM 载波幅值；α 为比例系数。

Δv_{C1} 到 Δv_{C3} 的传递函数为

$$
\begin{aligned}
G_{\text{r}}(s) &= \frac{\Delta v_{C3}}{\Delta v_{C1}} \\
&= \frac{MC_1 v_{C2} G_2(s)G_{\text{LPF}}(s) + M^2 C_1 V_{\text{tri}}}{C_2 V_{\text{tri}}} \\
&\quad - \frac{\alpha C_2 v_{C2} G_{\text{HPF}}(s)}{C_2 V_{\text{tri}}}
\end{aligned}
\tag{4.138}
$$

因此，二端口有源电容的阻抗为

$$
\begin{aligned}
Z_{\text{ABCap}}(s) &= \frac{\Delta v_{C3} + \Delta v_{C1}}{\Delta i_{C1}} \\
&= \frac{1 + G_{\text{r}}(s)}{C_1 s} \\
&= \frac{MC_1 v_{C2} G_2(s)G_{\text{LPF}}(s) + M^2 C_1 V_{\text{tri}}}{C_2 V_{\text{tri}} C_1 s} \cdot \\
&\quad \frac{-\alpha C_2 v_{C2} G_{\text{HPF}}(s) + C_2 V_{\text{tri}}}{C_2 V_{\text{tri}} C_1 s}
\end{aligned}
\tag{4.139}
$$

由式 (4.139) 可绘制出二端口有源电容阻抗的伯德图，如图 4.52 所示。在 0.1Hz 到 10kHz 的频率范围内，二端口有源电容的等效容值在 90μF 到 3500μF 变化，不同频率下等效为不同大小的电容。二端口有源电容跟无源电容区别在于，无源电容在不同频率下的容值是固定的，而二端口有源电容在不同频率下表现为不同大小的电容。

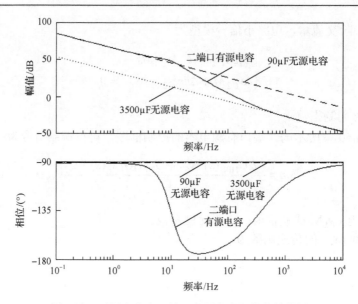

图 4.52　无源电容和二端口有源电容阻抗的伯德图

2. 二端口有源电容的闭环控制

基于二端口有源电容的开环控制,为了精准地控制二端口有源电容两端电压,降低纹波电压,提高系统的动态性能,提出对全桥电路输入侧电压 v_{C3} 的闭环控制策略,控制框图如图 4.53 所示。v_{C3} 的参考电压为 v_{C3ref},其值为

$$v_{C3ref} = v_{con1} + v_{con2}$$
$$= V_{dc} - v_{C1} + (v_{C2ref} - v_{C2})G_2(s) \tag{4.140}$$

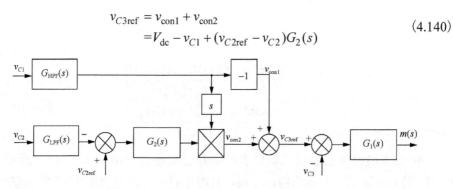

图 4.53　二端口有源电容的闭环控制框图

1) PI、PR、准 PR 控制器比较

PI 控制器是一种较典型的串联校正方式,可将 PI 控制器应用于控制 v_{C3},其传递函数为

$$G_{PI}(s) = K_P + \frac{K_I}{s} \tag{4.141}$$

式中，K_P 为比例调节器的放大系数；K_I 为积分调节器的放大系数。

当被控对象为时变量时，PI 控制器会存在静差[46]，在二端口有源电容的闭环控制中，会导致输出电压纹波偏大。而比例谐振（proportion resonance，PR）控制器能够实现对交流正弦量的无静差跟踪，传递函数为[47-49]

$$G_{PR}(s) = K_P + \frac{2K_R s}{s^2 + \omega_0^2} \tag{4.142}$$

式中，K_P、K_R、ω_0 分别为比例系数、谐振系数和谐振频率；谐振频率 ω_0 即为需要跟踪信号的角频率，本书设置为 628rad/s，对应频率为 100Hz。PR 控制器通过比例谐振环节增加了特定频率的电压增益来抑制基波误差或谐波分量，但受到频率漂移的影响和系统带宽的限制。

此处采用一种易于实现的准 PR 控制器。通过在 PR 控制器上增加一个零点，既能保持准 PR（quasi-resonant proportion，QPR）控制器在谐振频率处的高增益特点，又能拓宽在谐振频率点附近的增益，降低了频率波动带来的不良影响。准 PR 控制器的传递函数为

$$G_{QPR}(s) = K_P + \frac{2K_R \omega_c s}{s^2 + 2\omega_c s + \omega_0^2} \tag{4.143}$$

在 PR 与 PI 的比例系数相同，PR 的谐振系数与 PI 的积分系数相同，PR 与准 PR 参数相同的情况下，PI、PR 和准 PR 的伯德图如图 4.54 所示。在谐振频率 100Hz

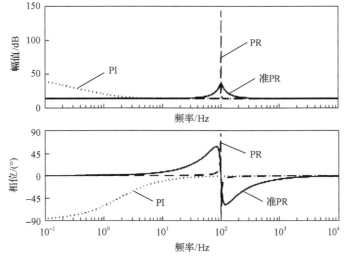

图 4.54 PI、PR 和准 PR 控制器的伯德图

处，PR 控制器的增益非常高，而 PI 控制器在谐振频率处的增益较小，这一特性使得 PR 控制器对正弦交流量的跟踪远强于 PI 控制器。PR 控制器仅在谐振频率处的增益很高，在谐振频率附近的增益很小。准 PR 控制器在谐振频率处的起振宽度远大于 PR 控制器，增加了系统带宽，受频率波动的影响小。同时准 PR 控制器在一定程度上减小了 PR 控制器在谐振频率处的增益，起到了一定的阻尼作用。

2) 准 PR 控制器参数分析

准 PR 控制器共有 4 个参数 K_P、K_R、ω_c 和 ω_0。ω_0 仅决定准 PR 控制器的谐振增益所在的位置。K_P、K_R、ω_c 单个变化时，准 PR 控制器伯德图如图 4.55 所示。随着 K_P 增大，准 PR 控制器的相频率曲线在谐振频率点附近的变化不断变窄，幅频曲线增益变大。随着 K_R 增大，准 PR 控制器的幅频曲线在谐振频率点处的最大增益也在增大。随着 ω_c 增大，准 PR 控制器在谐振频率处的带宽越大。

由上述分析可得，改变 K_P 能够改变系统带宽，改变 K_R 能够改变准 PR 控制器在谐振频率处的最大增益，改变 ω_c 能够改变其在谐振频率处的带宽。频率波动时，在谐振频率附近，准 PR 控制器的增益仍较大。

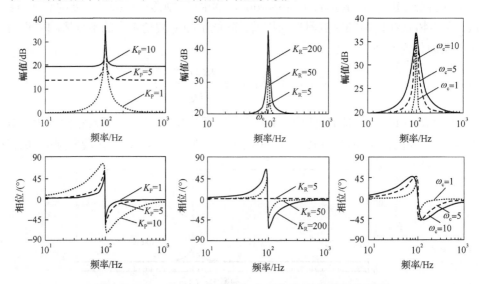

图 4.55　K_P、K_R、ω_c 分别变化时，准 PR 控制器的伯德图

因此，采用准 PR 控制器作为二端口有源电容闭环控制的控制器，并根据 K_P、K_R、ω_c 各自的意义，合理设置各参数的大小。

4.5.3　直流侧的有源电容间谐波抑制案例

1. 大功率极低频发射系统简介

随着现代电力电子技术的发展和应用，大功率电磁信号的产生与发射得以实现。极低频发射系统是将电网中的电能转化为极低频(0.3～30Hz)电磁波能量的变频系统，其发射频率远远低于电网工频，在运行时会对电网造成间谐波干扰。大功率的发射系统功率可达几百千瓦至几兆瓦，然而当发射系统功率较大时，其引起的间谐波畸变将远远超出电网承受标准，不仅严重降低电能质量，而且由于主要间谐波的频率在工频附近，其不能像谐波一样在网侧进行治理。在世界各地的大功率应用场合中，主流的做法是使用多重化整流器减小系统的谐波。通过一个多绕组移相变压器配置不同数量的二次绕组，每个二次绕组接一个三相全桥整流器，三相全桥整流器又称为 6 脉波整流器，用于组成 12 脉波、18 脉波、24 脉波整流器。多脉波整流器的主要特点是能够减小谐波失真，通常，脉冲整流器的阶数越高，谐波失真越低。二极管或晶闸管通常用作多脉冲整流器中的开关器件。当二极管为开关器件时是不控整流；当晶闸管为开关器件时是可控整流，可以控制直流输出电压。图 4.56 为大功率发射系统在工程中的一般性结构框图。

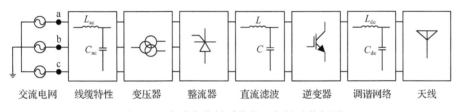

图 4.56　大功率发射系统的一般性结构框图

　　本案例以大功率极低频发射系统为研究对象，大功率极低频发射系统是一种典型的大功率三相交流-直流-单相交流变频装置，此系统是将电能转化为极低频无线电磁波，用于地下资源探测和地震监测等领域的研究。图 4.57 为大功率极低频发射系统拓扑结构示意图。

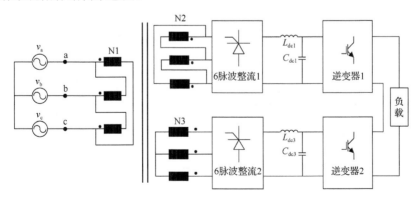

图 4.57　大功率极低频发射系统拓扑示意图

　　该大功率极低频发射系统电路结构为：从 10kV 的三相交流电网接三绕组移相变压器，三绕组变压器的副边分别接两组 6 脉波整流电路，在直流侧经过二级

LC 滤波器接逆变器，逆变输出接负载。

在大功率极低频发射系统中的核心设备大功率发射机中使用了大量的大功率电力电子开关器件，这些开关器件在工作时都是非线性的。由于大功率极低频发射系统中不同频率的电流成分辐射到电网侧，电网侧电流出现与工作频率相关的分数次谐波(间谐波)。

间谐波具有谐波引起的所有危害。间谐波电流与谐波电流类似，也会通过网络阻抗在网侧引起间谐波电压畸变。间谐波电压是造成电压闪变的主要原因，其中当间谐波电压的拍频为 8.8Hz 时，人对电压闪变的觉察最为敏感，如图 4.58 所示。

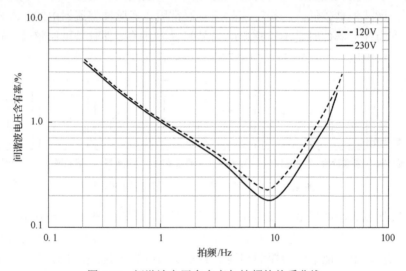

图 4.58　间谐波电压含有率与拍频的关系曲线

间谐波还会造成滤波器谐振、过负荷，引起通信干扰，影响脉冲接收器正常工作，引起电机的附加力矩等危害。间谐波严重影响电能质量，必须进行抑制，而且国家对公用电网间谐波作了严格的要求标准，如表 4.5 所示。

表 4.5　单一用户间谐波电压含有率(%)限值

电压等级	频率<100Hz	频率 100~800Hz
1000V 及以下	0.16	0.4
1000V 以上	0.13	0.32

2. 大功率极低频发射系统建模

基于调制理论的建模方法，大功率极低频发射系统的整流电路的数学模型可以表示为

$$V_{dc} = v_a s_{va} + v_b s_{vb} + v_c s_{vc} \tag{4.144}$$

$$i_a = I_{dc} s_{ia}, i_b = I_{dc} s_{ib}, i_c = I_{dc} s_{ic} \tag{4.145}$$

式中，$v_j (j=a,b,c)$ 为电网侧的三相交流电压；i_j 为电网侧三相交流电流；s_{vj} 和 s_{ij} 分别为对应电网侧三相的交流电压开关函数和交流电流开关函数，当对应桥臂上管导通时有 $s_{vj}=s_{ij}=1$，当对应桥臂下管导通时有 $s_{vj}=s_{ij}=-1$，当对应桥臂上下管都截止时有 $s_{vj}=s_{ij}=0$。

参考发射系统拓扑结构，交流电网侧到直流侧使用的是 6 脉波整流器，开关函数 s_{va}、s_{ia} 傅里叶级数展开式为

$$s_{va}(\omega t + \varphi) = \frac{2\sqrt{3}}{\pi} \left\{ \cos(\omega t + \varphi) + \sum_{\substack{h=6j\pm1 \\ j=1,2,3,\cdots}}^{\infty} (-1)^j \frac{1}{h} \cos[h(\omega t + \varphi)] \right\} \tag{4.146}$$

$$s_{ia}(\omega t + \varphi) = \frac{2\sqrt{3}}{\pi} \left\{ \cos(\omega t + \varphi) + \sum_{\substack{h=6j\pm1 \\ j=1,2,3,\cdots}}^{\infty} (-1)^j \frac{1}{h} \cos[h(\omega t + \varphi)] \right\} \tag{4.147}$$

整流电路直流输出端的电压在每个供电电源周期内含有 6 个波头，以 6 倍电网频率的谐波分量为主，该谐波电压将渗透直流滤波器向逆变电路传导，从而影响极低频电源输出电压的谐波。通常在整流输出端配置滤波电路抑制 6 倍频谐波分量。

逆变电路数学模型为

$$\begin{cases} v_{ac} = s_{ac} V_{dc} \\ i_{dc} = s_{ac} i_{ac} \end{cases} \tag{4.148}$$

式中，s_{ac} 为逆变电路的开关函数。

当采用 SPWM 时，单相逆变器开关函数 s_{ac} 傅里叶级数展开式为

$$s_{ac}(\omega_o t + \varphi_o) = M \left\{ \cos(\omega_o t + \varphi_o) + \sum_{h=2k\pm1}^{\infty} (-1)^k \frac{1}{h} \cos[h(\omega_o t + \varphi_o)] \right\} \tag{4.149}$$

式中，ω_o 为逆变器输出的角频率；M 为逆变器的调制度。

极低频天线可等效为阻感负载，在天线网络中串入谐振电容用来将其调谐，使天线网络阻抗呈纯阻性，所以本案例中的负载等效为纯电阻。

在交流电网中产生间谐波的直接原因是直流电流受到逆变器的调制，在其工作频率上大幅波动，这种波动将渗透直流滤波电路向整流器辐射，并通过整流器

向电网传递，从而形成间谐波，进而恶化电网的电能质量。

为了便于分析，将发射系统简化为如图 4.59 所示结构。用角频率为 $\omega_n = 2\pi f_1$（f_1 为电网频率 50Hz）、幅值为 10kV 的理想电压源 v_{acn} 与接入点系统阻抗 Z_{acn} 的串联来等效电网。用角频率为 $\omega_o = 2\pi f_o$（f_o 为逆变输出频率）的理想电压源 v_{aco} 与回路等效阻抗 Z_{aco} 的串联来等效负载。以下的推导中下标 n 表示电网侧到直流侧的参数，下标 o 表示负载侧到直流侧的参数。

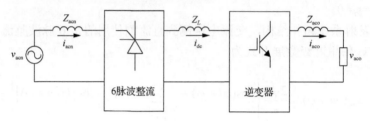

图 4.59　发射系统简化电路图

将电网侧及负载侧的交流电路分别等效到直流侧，可以得到如图 4.60 所示等效电路。

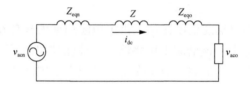

图 4.60　等效到直流侧的等效电路

等效后直流侧的电流由直流分量和脉动分量构成，可以表示为

$$i_{dc}(t) = I_{dc} + \sum_{h=1}^{\infty} I_h \cos(\omega_h t + \theta_h) \tag{4.150}$$

式中，I_h 为脉动分量的幅值；ω_h 为脉动分量角频率；θ_h 为脉动分量初始相位。

结合式 (4.145) 和式 (4.150) 可以求出整流器和逆变器的交流侧电流 i_{acna}、i_{acnb}、i_{acnc} 和 i_{aco}。

整流器交流侧压降为

$$\begin{aligned} v_{acna} &= v_{acna} - i_{acna}Z_{acn} = v_{acna} - dv_{acna} \\ &= v_{acna} - I_{dc}s_{ia}(\omega_n t + \varphi_n)Z_{acn} \end{aligned} \tag{4.151}$$

$$\begin{aligned} v_{acnb} &= v_{acnb} - i_{acnb}Z_{acn} = e_{acnb} - dv_{acnb} \\ &= v_{acnb} - I_{dc}s_{ib}(\omega_n t + \varphi_n)Z_{acn} \end{aligned} \tag{4.152}$$

$$
\begin{aligned}
v_{\text{acnc}} &= v_{\text{acnc}} - i_{\text{acnc}} Z_{\text{acn}} = v_{\text{acnc}} - dv_{\text{acnc}} \\
&= v_{\text{acnc}} - I_{\text{dc}} s_{ic}(\omega_n t + \varphi_n) Z_{\text{acn}}
\end{aligned}
\tag{4.153}
$$

式中，d 为脉动分量。

逆变器交流侧压降为

$$
v_{\text{aco}} = v_{\text{aco}} - i_{\text{aco}} Z_{\text{aco}} = v_{\text{aco}} - I_{\text{dc}} s_{ac}(\omega_o t + \varphi_o) Z_{\text{aco}}
\tag{4.154}
$$

根据求得的 v_{acn} 和 v_{aco} 及相应的电压开关函数，可以得到整流器和逆变器等效到直流侧的压降。

整流器等效到直流侧压降为

$$
\begin{aligned}
V_{\text{dcn}} &= v_{\text{acna}} s_{va}(\omega_n t + \varphi_n) + v_{\text{acnb}} s_{vb}(\omega_n t + \varphi_n) + v_{\text{acnc}} s_{vc}(\omega_n t + \varphi_n) \\
&= [v_{\text{acna}} s_{va}(\omega_n t + \varphi_n) + v_{\text{acnb}} s_{vb}(\omega_n t + \varphi_n) \\
&\quad + v_{\text{acnc}} s_{vc}(\omega_n t + \varphi_n)] - [dv_{\text{acna}} s_{va}(\omega_n t + \varphi_n) \\
&\quad + dv_{\text{acnb}} s_{vb}(\omega_n t + \varphi_n) + dv_{\text{acnc}} s_{vc}(\omega_n t + \varphi_n)] \\
&= v_{\text{dcn}} - dv_{\text{acn}}
\end{aligned}
\tag{4.155}
$$

逆变器等效到直流侧压降为

$$
\begin{aligned}
V_{\text{dco}} &= v_{\text{aco}} s_{ac}(\omega_o t + \varphi_o) \\
&= v_{\text{aco}} s_{ac}(\omega_o t + \varphi_o) - dv_{\text{aco}} s_{ac}(\omega_o t + \varphi_o) \\
&= v_{\text{dco}} - dv_{\text{aco}}
\end{aligned}
\tag{4.156}
$$

通过观察式(4.155)和式(4.156)可以看出：

(1)在等效的直流回路中，6 脉波整流器会通过分量 v_{dcn} 和 dv_{acn} 向直流侧引入直流分量、角频率为 $6\omega_n$ 的脉动分量。

(2)在等效的直流回路中，单相逆变器会通过分量 v_{dco} 和 dv_{aco} 向直流侧引入直流分量、角频率为 $2\omega_o$ 的脉动分量。

因此可以将直流侧电流表达为

$$
i_{\text{dc}}(t) = I_{\text{dc}} + \sum_{h=1}^{\infty} I_{hn} \cos(6h\omega_n t + \theta_{hn}) + \sum_{h=1}^{\infty} I_{ho} \cos(2h\omega_o t + \theta_{ho})
\tag{4.157}
$$

式中，右边第一项为直流分量；第二项为来自整流侧的脉动分量；最后一项为来自逆变侧的脉动分量。

本案例分析逆变侧传递到电网侧的间谐波的生成机理，所以只研究最后一项，令来自逆变的这一项为 i_{dcf}，则有

$$i_{dcf}(t) = \sum_{h=1}^{\infty} I_{ho} \cos(2h\omega_o t + \theta_{ho}) \tag{4.158}$$

将来源于逆变器的分量通过式(4.145)可以推导出由逆变器传递到交流电网 a 相的电流分量

$$\begin{aligned} i_{acaf}(t) &= i_{dcf} s_{ia}(\omega_n t + \varphi_n) \\ &= \frac{2\sqrt{3}}{\pi} \sum_{h=1}^{\infty} I_{ho} \cos(2h\omega_o t + \theta_{ho}) \\ &\times \left\{ \cos(\omega_n t + \theta_n) + \sum_{\substack{h=6k\pm1 \\ k=1,2,3,\cdots}}^{\infty} (-1)^k \frac{1}{h} \cos[h(\omega_n t + \varphi_n)] \right\} \end{aligned} \tag{4.159}$$

化简式(4.159)，可以得到两部分。

$$i_{acaf}(\omega_n \pm 2h\omega_o) = \frac{2\sqrt{3}}{\pi} \times \sum_{h=1}^{\infty} I_{ho} \cos(2h\omega_o t + \theta_{ho}) \times \cos(\omega_n t + \varphi_n) \tag{4.160}$$

$$\begin{aligned} i_{acaf}[(6k\pm1)\omega_n \pm 2h\omega_o] &= \frac{2\sqrt{3}}{\pi} \times \sum_{h=1}^{\infty} I_{ho} \cos(2h\omega_o t + \theta_{ho}) \\ &\times \sum_{\substack{h=6k\pm1 \\ k=1,2,3,\cdots}}^{\infty} (-1)^k \frac{1}{h} \cos\left[h(\omega_n t + \varphi_n)\right] \end{aligned} \tag{4.161}$$

根据式(4.160)和式(4.161)可以得到结论：在大功率极低频发射系统电网侧的间谐波总是成对，并且等幅地分布在基频及谐波两侧，即频率为 $f_n \pm 2hf_o$ 和 $(6k\pm1)f_n \pm 2hf_o$ 的间谐波会注入电网，其中 f_n 为电网频率、f_o 为逆变输出频率。距离谐波越近的一对间谐波幅值越大，而且基频附近的 $f_n \pm 2f_o$ 这一对间谐波幅值最大。

3. 抑制间谐波的直流侧有源电容技术

根据上小节推导可知，若要抑制间谐波可以从两个方向入手，一是在发射系统的供电电网侧加入有源电力滤波器(active power filter，APF)，检测电网中的谐波电流，再由其本身产生一个与谐波电流大小相等符号相反的补偿电流。目前的主流算法都存在频率分辨率不足导致无法精确确定间谐波的频率位置、同步采样的误差、时间窗造成的频谱泄漏等问题，无法检测电网工频附近的间谐波，因此无法实现大功率极低频发射系统的间谐波抑制。

　　抑制间谐波另一方法是在发射系统的直流侧采用有源电容技术，加入直流有源电力滤波器（DC active power filter，DC-APF），利用 DC-APF 电路将低频脉动纹波从直流侧转移，切断网侧间谐波的传播路径，从源头上解决间谐波问题，如图 4.61 所示。

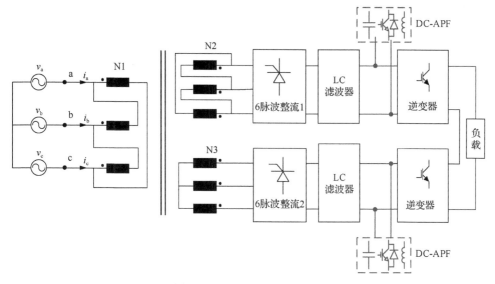

图 4.61　DC-APF 模型示意图

　　常见的 DC-APF 拓扑有 Buck 型、Boost 型和差分电容型。Buck 型拓扑比差分电容型拓扑的储能电容能量利用率高，Buck 型拓扑比 Boost 型拓扑的开关元件及电容的电压应力低，在大功率高压直流应用场合中，Buck 型拓扑比其他两种拓扑更加具有优势，本案例选择的拓扑结构为 Buck 型拓扑结构。为便于分析，将图 4.61 虚线框区域电路简化，如图 4.62 所示。

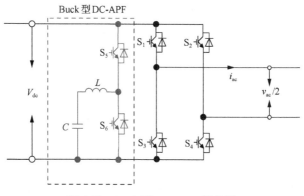

图 4.62　Buck 型 DC-APF 简化图

本案例采取波形控制函数的控制策略，可以在不改变原电路的基础上，实现间谐波抑制。由于滤波电感的压降很小，电感的功率相比电容的功率可忽略，故在 DC-APF 控制时一般只需考虑电容的瞬时功率。

通过控制开关管 S_5、S_6 在电容电压上加入波形控制函数，使模块电容提供的瞬时功率与单相逆变器交流侧脉动功率相等并相互抵消。Buck 型 DC-APF 的控制框如图 4.63 所示。DC-APF 采用波形函数控制，通过理论计算，得出 DC-APF 电容电压波形函数作为电容电压的给定 v_{Cref}，再与电容上的采样电压 v_C 比较，经过 PI 调节后产生 PWM 信号控制 DC-APF 的 S_5、S_6 开关管，使 DC-APF 电容电压波形跟随给定，实现 DC-APF 电容的功率与脉动功率相等并相互抵消。

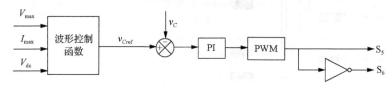

图 4.63　Buck 型 DC-APF 控制框图

4. 实测数据分析与仿真验证

为验证间谐波传导理论的正确性，本案例对某一大功率极低频发射系统进行测试。图 4.64(a) 为该系统逆变输出频率 1Hz 时电网侧电压波形图及其 FFT 分析结果，图 4.64(b) 为电网侧电流波形图及其 FFT 分析结果，其中 Mag 表示幅值。从图 4.64 可以看出，由 48Hz 和 52Hz 的间谐波电流在网侧引起 48Hz 和 52Hz 的间谐波电压畸变，48Hz 和 52Hz 间谐波电压含有率为 2.07%，约是国家标准限值的 16 倍，又因其本身为大功率系统，所以造成的间谐波问题极为严重。

图 4.65 为极低频发射系统直流侧的逆变器输入电流测试波形，对其进行 FFT 分析得，其直流分量为 96.74A，2Hz 分量为 100.26A。

本案例利用 MATLAB/Simulink 搭建了一个大功率极低频发射系统仿真模型，并加入了 Buck 型 DC-APF 的仿真模型。模型中主电路参数和拓扑结构完全没有改变，在二级 LC 滤波器和单相逆变器之间的直流侧并联 Buck 型 DC-APF 电路。电路中的一对开关管采用 IGBT，选用 40mF 的电容和 70μH 的电感，开关管的控制采用波形函数控制。仿真系统的关键参数如表 4.6 所示。

逆变输出频率为 1Hz 时仿真结果如图 4.66 所示。图 4.66(a) 为三相电网 A 相电流频谱图，图 4.66(b) 为系统直流侧逆变器输入电流频谱图。对比图 4.66(a) 和测试数据图 4.64(b) 可得，主要间谐波电流 48Hz 和 52Hz 的含量下降至 1% 以内。

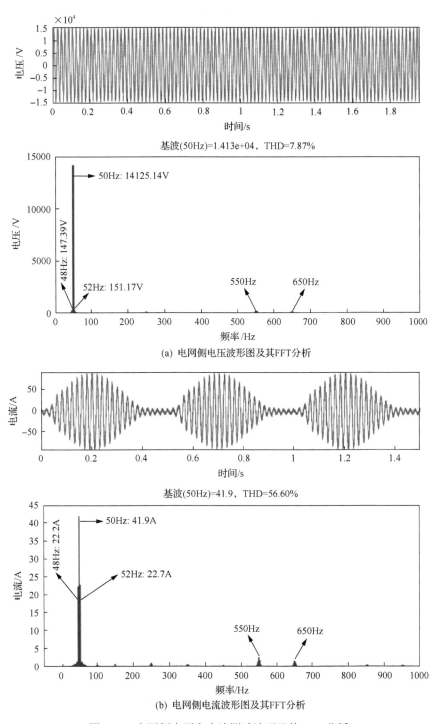

图 4.64　电网侧电压和电流测试波形及其 FFT 分析

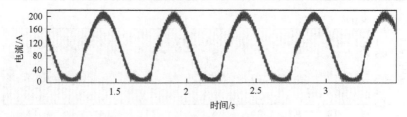

图 4.65 逆变器输入电流测试波形

表 4.6 仿真系统关键参数

参数	值
网侧输入线电压	10kV
三绕组变压器一次侧和二次侧线电压之比	5:1:1
直流侧滤波电容	5mF
直流侧滤波电感	6mH
逆变器调制比	0.8
系统输出功率	500kW
负载	10Ω

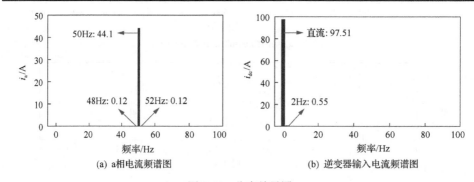

(a) a相电流频谱图   (b) 逆变器输入电流频谱图

图 4.66 仿真结果图

流入 DC-APF 模块的电流频谱如图 4.67 所示。直流母线上原有的二倍输出频率的电流流入 DC-APF 模块中。

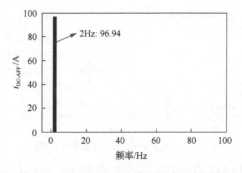

图 4.67 流入 DC-APF 模块的电流频谱图

5. 总结

针对大功率极低频发射系统间谐波问题，本案例首先对大功率极低频发射系统现场进行测试，通过 FFT 分析采集到的不同频率下关键位点的电压电流数据，并进行发射系统的电网侧功率分析和负载侧功率分析，揭示不同发射频率下间谐波干扰程度的规律。然后根据大功率极低频发射系统采用的 12 脉波整流器的结构特性进行建模，推导出特征次谐波的分布情况，并基于调制理论分析大功率极低频发射系统间谐波的产生机理和分布规律。根据发射系统的间谐波特性，本案例提出一种基于 DC-APF 的间谐波抑制技术，并与其他两种间谐波抑制方法进行对比。在此基础上，本案例介绍 DC-APF 常用的 3 种拓扑结构，考虑到储能电容能量利用率、开关器件电压应力以及性价比等方面，确定了降压型 DC-APF 间谐波抑制方法。

实测数据表明，发射频率越低间谐波干扰越严重，其中发射频率 1Hz 时的间谐波干扰最为严重。通过仿真和实测数据验证了上述极低频发射系统谐波和间谐波分布相关规律及数学模型的正确性。最后，以发射频率 1Hz 为例在 MATLAB/Simulink 中搭建仿真电路验证所提出的 DC-APF 的间谐波抑制效果。仿真结果表明，DC-APF 可以将大功率极低频发射系统的主要间谐波电流含量抑制到原来的 1%以内，抑制能力达 40dB。在不影响原电路的基础上，所提出的基于 DC-APF 的间谐波抑制技术从源头切断间谐波的生成，对大功率极低频发射系统的间谐波具有良好的抑制作用。

4.5.4　光伏系统直流侧的有源电容实现案例

有源功率解耦方法的研究和应用可以大致分为两类趋势，一类是集成在原电路中，解耦电路与原电路在拓扑和控制上进行综合设计，集成度高，功率密度、效率等性能发挥空间更大，但代价是设计复杂，解耦电路没有通用性；另一类将有源功率解耦电路模块化，即 PDM(power decoupling module)，也可以称为有源电容[50]，可以实现在原电路上热插拔，但需实现解耦模块和主电路在硬件和软件上的独立，不能在原电路上添加额外的传感器，有限的端口信号增加了解耦模块的闭环控制难度。

有源功率解耦在不同的领域中的应用时主电路拓扑会有一定的差异，主电路拓扑结构主要分为整流器、逆变器和双向 DC/DC 变换器[51]。

解耦电路的拓扑根据是否与主电路共用器件，分为非独立型和独立型[50]，非独立型可以减少解耦电路开关管和主电路开关管的冗余，使用更少的器件实现功率解耦，但需要改变主电路的控制方法，增加控制的复杂程度，而且受主电路拓扑结构的限制，解耦电路缺乏一般性。独立型功率解耦模块的拓扑广泛研究和使用的有 Buck 型[52,53]、Boost[54-57]型、半桥型[57-59]和全桥型。当功率解耦模块被并联应用在单相全桥逆变器的交流侧时，会改变原电路全桥开关管的电流应力，降低系统的效率，增加热设计的难度等；当串联应用在逆变的直流侧时，系统的视在功率都会流经解耦电路，系统损耗增加，不易安装，为了使解耦电路在硬件和控制上与原电路相互独立，实现即插即用的特性，将解耦模块并联在主电路的直流侧，在单相光伏并网逆变器的直流侧实现即插即用的有源电容。

1) 系统的设计指标

表 4.7 中列出了单相光伏并网逆变器的设计指标。

表 4.7　单相光伏并网逆变器设计指标

参数	额定值	最大值
母线电压	380V	
交流电压有效值	220V	
额定功率下交流电流 THD		5%
母线电压纹波(峰–峰值)		5%
额定功率	1kVA	

基于无源电容方案满足表 4.7 中的设计要求时，使用的无源电容为 560μF，而基于有源电容的方案要求在满足系统的直流电压纹波和交流电流谐波的基础上，使逆变器直流侧的电容的容值下降到 200μF 以下，以便于使用可靠性较高的薄膜电容替代电解电容。

2) 有源电容方案对比

(1) Boost 型有源电容。Boost 型有源电容如图 4.46 虚线框内部分所示，可以实现能量双向流通的 Boost 型 DC/DC 变换器，其解耦电容 C 的电压高于直流母线电压。当假设 Boost 有源电容中开关管 S_5 占空比为恒定值 D 时，由于解耦电容电压与直流侧电压都包含直流分量和交流纹波分量，且它们存在一一对应关系，解耦电容电压与直流母线电压 V_{dc} 具体关系如式 (4.162) 所示。

$$\begin{cases} v_C = \dfrac{V_{dc}}{1-D} \\ \Delta v_C = \dfrac{\Delta V_{dc}}{1-D} \\ \alpha = \dfrac{1}{1-D} \end{cases} \quad (4.162)$$

由式 (4.162) 可知，解耦电容电压的平均值和波动值均为直流母线电压平均值和波动值的 α 倍，根据电容能量计算公式可知，解耦电容与传统无源方式能处理的脉动能量关系如下：

$$Cv_C\Delta v_C = C_{dc}V_{dc}\Delta V_{dc} = \frac{P_{avg}}{\omega} \tag{4.163}$$

由此可得，当以恒定的占空比驱动 Boost 解耦模块时，假设直流母线纹波电压不变，同样的解耦效果下，解耦电容可以缩减为原本的 α^2 倍，但代价是解耦模块器件电压应力增大 α 倍。假设占空比为 0.5，此时 Boost 电路电压应力提高一倍，与采用波形控制函数的 Buck 型功率解耦相比（电容容值可以降低 10 倍），电容容值仅降低 4 倍，并不明显。所以虽然定占空比 Boost 解耦模块在缩小解耦电容上有一定的作用，但效果并不理想。

（2）Buck 型有源电容。如图 4.68（a）虚线框内所示，是双向 Buck DC/DC 变换器，解耦电容 C（Buck 输出电容）电压低于直流母线电压 V_{dc}，电容电压应力较低。含 Buck 型有源电容的单相全桥逆变器的控制框如图 4.68（b）所示，控制包含两部分，其中全桥逆变器通过控制逆变桥 S_1～S_4 开关管，采用电压外环和电流内环双

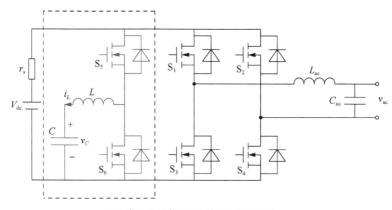

(a) 含 Buck 型有源电容单相全桥逆变器

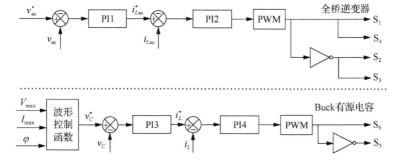

(b) 含 Buck 型有源电容单相全桥逆变器控制框图

图 4.68　含 Buck 型有源电容单相全桥逆变器及控制

闭环控制，可以实现输出电压 v_{ac} 跟随给定正弦电压 v_{ac}^*，输出电压与给定的误差经过 PI 控制器后作为电感电流的给定，使电感电流的相角能跟随输出电流电压，最终能满足输出电压稳定且实现单位功率因数；有源电容的控制采用波形控制函数，通过理论计算出解耦电容上电压波形作为电容电压的给定 v_c^*，通过控制有源电容中桥臂 S_5 和 S_6 的开关管令解耦电容电压跟随给定值，实现功率解耦。当解耦电容在充放电过程中切换时，电容电流会从负最大值跳变到正最大值，为了抑制该电流尖峰，在波形控制函数的基础上添加电感电流内环。

波形控制函数方法的控制思路是通过直接控制解耦电容上电压波形，使流经有源电容的瞬时功率等于交流侧产生的脉动功率，实现功率解耦。此处由于解耦模块上电感很小，仅作滤波作用，忽略电感的损耗，则可假设脉动功率全部由解耦电容处理。

通过交流输出电压电流表达式，可计算出系统脉动功率，系统中脉动功率为

$$p_r(t) = -\frac{V_{max}I_{max}}{2}\cos(2\omega t + \theta) \tag{4.164}$$

假设 Buck 型解耦电容电压为

$$v_C(t) = F(t) \tag{4.165}$$

则解耦电容上电流为

$$i_C(t) = C\frac{dv_C}{dt} = CF'(t) \tag{4.166}$$

解耦电容上瞬时功率为

$$p_C(t) = v_C(t)i_C(t) = CF'(t)F(t) \tag{4.167}$$

电容瞬时功率的正负分别表示此时解耦电容正在吸收能量或释放能量，假设电容输出的脉动功率与系统脉动功率相同，则

$$\begin{cases} -p_C(t) = p_r(t) \\ CF'(t)F(t) = \dfrac{V_{max}I_{max}}{2}\cos(2\omega t + \theta) \end{cases} \tag{4.168}$$

可得

$$F(t) = \sqrt{A\sin(2\omega t + \varphi_0) + 2E} \tag{4.169}$$

对式(4.169)进行变形可得

$$
\begin{cases}
F(t)=\sqrt{A-2A\sin^2\left(\omega t+\dfrac{\theta}{2}-\dfrac{\pi}{4}\right)+2E} \\[2mm]
A=\dfrac{V_{\max}I_{\max}}{2\omega C} \\[2mm]
E=-\dfrac{A}{2}
\end{cases}
\tag{4.170}
$$

求解式(4.170)，可得波形控制函数 $F(t)$ 为

$$
\begin{cases}
F(t)=B\left|\sin(\omega t+\varphi)\right| \\[2mm]
B=\sqrt{\dfrac{V_{\max}I_{\max}}{\omega C}} \\[2mm]
\varphi=\dfrac{\theta}{2}+\dfrac{\pi}{4}
\end{cases}
\tag{4.171}
$$

由式(4.171)可以得到，电容输出电压与解耦电容容值成反比，即当解耦电容容值越大时，电容上的电压越小，由于电容电压应小于直流母线电压 V_{dc}，则电容取值范围为

$$
C \geqslant \frac{V_{\max}I_{\max}}{\omega V_{dc}^2}
\tag{4.172}
$$

当 $B=V_{dc}$ 时，式(4.172)取等号，与传统的无源解耦方法相比，电容的容值可以减小 $V_{dc}/2\Delta V_{dc}$ 倍，本案例参数下可以缩减 10 倍。当直流母线电压越高，纹波电压要求越苛刻时，波形控制函数的 Buck 型有源电容对容值的缩减效果越明显。当解耦电容容值增大，此时 Buck 输出电压也越小，由于处理的脉动功率不变，电流应力会随之增大，使系统效率降低。同时解耦电容最大值与 Buck 电路的占空比极限值有关，当占空比太小时，会影响解耦电路工作的稳定性。

图 4.69 为添加电流内环前后，解耦电容输出电压和电流仿真波形图。当解耦电容处于充、放电切换时刻，此时电流瞬时反向，故电容电流存在尖峰，为削弱该电流尖峰，本书基于波形控制函数添加了电感电流内环，可以看出有明显的尖峰抑制效果。此外由图可以得到电容电压电流频率为 100Hz，解耦电容电压可以实现完全充放电，能量利用率达到 100%。

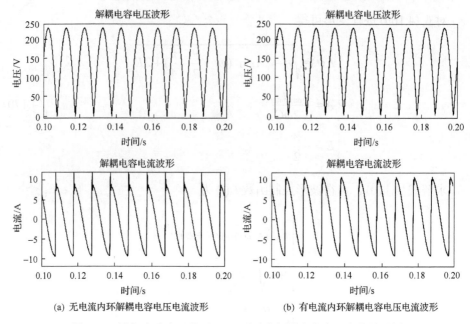

图 4.69　添加电流内环前后 Buck 型功率解耦电容电压电流波形图

确定电容电压波形后，进一步求解耦模块上开关管的占空比，假设 S_5 开关管的占空比为 d_5，S_6 开关管的占空比为 d_6，解耦电路两开关管互补导通，则 Buck 型电容电压和直流侧电压符合如下关系。

$$v_C = d_5 V_{dc} \tag{4.173}$$

假设直流母线电压恒定，输出为单位功率因数，则 Buck 有源电容中两个开关管的占空比为

$$\begin{cases} d_5 = \dfrac{\sqrt{\dfrac{V_{max} I_{max}}{\omega C}} \left| \sin\left(\omega t + \dfrac{\pi}{4}\right) \right|}{V_{dc}} \\ d_6 = 1 - d_5 \end{cases} \tag{4.174}$$

3) 参数设计

表 4.8 列出了含 Buck 型有源电容的单相光伏并网逆变器系统硬件的参数。

在单相变换器中，解耦模块电容容量的取值与开关管的电流电压应力有一定的关系，且系统损耗也与开关管的电流电压应力有关。因此，在选择开关器件时，除了留有一定的裕度，还应考虑与其他参数之间的相互制约关系。在本实验中，开关管选用 MOSFET，型号为 FCP110N65F。

表 4.8　含 Buck 型有源电容的单相光伏并网逆变器硬件参数

参数	值
逆变器侧电感 L_{ac}	4mH
电网侧电感 L_{acgrid}	0.5mH
滤波电容 C_{ac}	3μF
解耦模块电感 L	50μH
解耦模块电容 C	120μF
开关频率 f_{sw}	20kHz

　　而解耦电容的最大值与开关管的占空比有关，开关管占空比不能太小，否则会影响电路工作的稳定性。根据实际电路参数，解耦电容的容值选取 120μF。选择电容型号时，应满足 380V 电压条件下电容电流有效值的要求，故选取解耦电容为 KEMET 的薄膜电容 80-C4AQLBW6130A3NK。

　　4) 实验结果

　　基于表 4.7 和表 4.8 的系统参数搭建实验平台进行试验，在逆变器单独工作时（即不加入有源电容时），逆变器的输入输出信号波形如图 4.70。逆变器的输入电压波形平均值为 78V，纹波电压峰-峰值为 5.5V；逆变器输出电压波形其有效值为 41.5V；逆变器输入电流波形是峰-峰值为 1.87A 且含有 0.94A 偏置的正弦波。

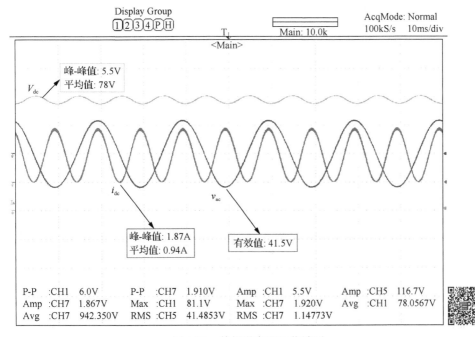

图 4.70　单相逆变器工作波形

在加入有源电容以后，逆变器的输入输出信号波形如图 4.73。直流侧输入电压波形平均值为 77.9V，纹波电压峰-峰值为 2.5V；逆变器输出电压波形其有效值为 41.9V；逆变器输入电流波形的峰-峰值为 0.96A，平均值为 0.97A；解耦电容的电压波形其平均值为 39.5V，是直流侧电压平均值的一半，峰-峰值为 28.7V；S_{51} 的电流波形（即流入有源电容的电流）由于其与图 4.70 中的直流侧电流波形的相位、峰-峰值及形状不完全相同，因此解耦以后的直流侧波形仍然含有 100Hz 的电流波动，但是波动幅值减小了约一半。

如图 4.71 所示，加入解耦模块后，直流侧电压的平均值相同，电压纹波峰-峰值由 5.5V 下降至 2.5V；直流侧纹波电流的峰-峰值由 1.87A 下降至 0.96A，平均值基本相同；由于输入电压纹波减小，逆变器的输出电压有效值由 41.5V 上升至 41.9V。

实验验证了在加入 Buck 型有源电容以后，电容的容值从 560μF 降低到了 120μF，并且 Buck 型有源电容对直流侧纹波电压的抑制效果明显优于无源电容。

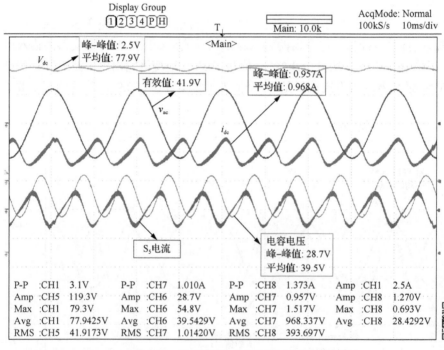

图 4.71　逆变器和 Buck 有源电容工作波形

参 考 文 献

[1] Liu C, Lai J S. Low frequency current ripple reduction technique with active control in a fuel cell power system with inverter load[J]. IEEE Transactions on Power Electronics, 2012, 22（4）: 1429-1436.

[2] Choi W, Enjeti P N, Howze J W. Development of an equivalent circuit model of a fuel cell to evaluate the effects of inverter ripple current[C]. IEEE Applied Power Electronics, 2004,1: 355-361.

[3] Pradhan S, Mazumder S K, Hartvigsen J, et al. Effects of electrical feedbacks on planar solid-oxide fuel cell[T]. Trans. ASME, J. Fuel Cell Science, 2007, 4(2): 154-166.

[4] Wu J F, Yuan X Z, Martin J J, et al. A review of PEM fuel cell durability: Degradation mechanisms and mitigation strategies[J]. J. Power Sources, 2008, 184: 104-119.

[5] Kim J H, Jang M H, Choe J S, et al. An experimental analysis of the ripple current applied variable frequency characteristic in a polymer electrolyte membrane fuel cell[J]. J. Power Electronics. 2011, 11(1).

[6] Gemmen R S. Analysis for the effect of inverter ripple current on fuel cell operating condition[J]. J. Fluids Engergy, 2003, 125, (3): 576-585.

[7] Kim J S, Choe G Y, Kang H S, et al. Robust low frequency current ripple elimination algorithm for grid-connected fuel cell systems with power balancing technique[J]. Reneweable Energy, 2011, 36: 1392-1400.

[8] Fontes G, Turpin C, Astier S, et al. Interactions between fuel cells and power converters: Influence of current harmonics on a fuel cell stack[J]. IEEE Transactions on Power Electronics, 2007, 22(2): 670-678.

[9] U.S. Department of Energy. Fuel Cell Handbook[M]. EG&G Technical Service Inc, 2004.

[10] NexaTM (310-0027) Power Module User's Manual[M]. Ballard Power Systems, Canada: Ballard, 2003.

[11] Schenck M, Lai J S, Stanton K. Fuel cell and power conditioning system interactions[C]. Twentieth Annual IEEE Applied Power Electronics Conference and Exposition, 2005, 1: 114-120.

[12] Shimizu T, Wada K, Nakamura N. Flyback-type single-phase utility interactive inverter with power pulsation decoupling on the DC input for an AC photovoltaic module system[J]. IEEE Transactions on Power Electronics, 2006, 21(5): 1264-1272.

[13] Mazumder S K, Burra R K, Acharya K. A ripple-mitigating and energy-efficient fuel cell power-conditioning system[J]. IEEE Transactions on Power Electronics, 2007, 22(4): 1437-1452.

[14] Itoh J I, Hayashi F. Ripple current reduction of a fuel cell for a single-phase isolated converter using a DC active filter with a center tap[J]. IEEE Transactions on Power Electronics, 2010, 25(3): 550-556.

[15] Testa A, Caro S D, Caniglia D. Compensation of the low frequency current ripple in single phase grid connected fuel cell power systems[C]. Europe Conference on Power Electronics, 2009: 1-10.

[16] Li X, Zhang W P, Li H, et al. Power management unit with its control for a three-phase fuel cell power system without large electrolytic capacitors[J]. IEEE Transactions on Power Electronics, 2011, 26(12): 3766-3777.

[17] Kwon J M, Kim E H, Kwon B H, et al. High-efficiency fuel cell power conditioning system with input current ripple reduction[J]. IEEE Transactions on Industrial Electronics, 2009, 56(3): 826-834.

[18] Wai R J, Lin C Y. Dual active low frequency ripple control for clean energy power conditioning mechanism[J]. IEEE Transactions on Industry Electronics, 2011, 58(11): 5172-5185.

[19] Song Y J, Enjeti P N. A high frequency link direct DC-AC converter for residential fuel cell power systems[C]. IEEE Transactions on Industrial Electronics, 2004: 4755-4761.

[20] Jang M, Agelidis V G. A minimum power-processing stage fuel cell energy system based on a boost-inverter with a bi-directional back-up battery storage[C]. IEEE Transactions on Power Electronics, 2011, 26(5): 1568-1577.

[21] Jang M, Ciobotaru M, Agelidis V G. A single-stage fuel cell energy system based on a buck-boost inverter with a backup energy storage unit[J]. IEEE Transactions on Power Electronics, 2012, 27(6): 2825-2834.

[22] Song Y J, Han S B, Li X, et al. A power control scheme to improve the performance of a fuel cell hybrid power source for residential application[J]. IEEE Transactions on Power Electronics, 2007: 1261-1266.

[23] Caceres R O, Barbi I. A boost DC/AC converter: Analysis, design, and experimentation[J]. IEEE Transactions on Power Electronics, 1999, 14(1): 134-141.

[24] Sanchis P, Ursaea A, Gubia E, et al. Boost DC/AC inverter: A new control strategy[J]. IEEE Transaction on Power Electronics, 2005, 20(2): 343-353.

[25] C'aceres R O, Garcia W M, Camacho O E. A buck boost DC-AC converter: Operation, analysis, and control[J]. 6th IEEE International Power Electronics Congress, 1998: 126-131.

[26] Almazan J, Vazquez N, Hernandez C, et al. A comparison between the buck, boost and buck-boost inverters[C]. 7th IEEE International Power Electronics Congress, 2000: 341-346.

[27] Mazumder S K, Burra R K, Huang R, et al. A low-cost single-stage isolated differential Cuk inverter for fuel-cell application[C]. IEEE Transactions on Power Electronics, 2008: 4426-4431.

[28] Sun L, Liang Y, Gong C, et al. Research on single-stage flyback inverter[C]. IEEE Transaction on Power Electronics, 2005: 849-854.

[29] Ma Y, Qiu B, Cong Q. Research on single-stage inverter based on bi-directional Buck DC converter[C]. IEEE Power Electronisc Distributed Generation Systems, 2010: 299-303.

[30] Xiao Y S, Chang L C, Søren B K, et al. Topologies of single-phase inverters for small distributed power generators: an overview[J]. IEEE Transactions on Power Electronics, 2004, 19(5):1305-1314.

[31] Walker G R, Sernia P C. Cascaded DC-DC converter connection of photovoltaic modules[C]. IEEE Transactions on Power Electronics. 2004, 19(4): 1130-1139.

[32] Cecati C, Dell'Aquila A, Liserre M. A novel three-phase single-stage distributed power inverter[J]. IEEE Transactions on Power Electronics, 2004, 19(5): 1226-1233.

[33] Stevens J L, Shaffer J S, Vandenham J T. The service life of large aluminum electrolytic capacitors: effects of construction and application[C]. IEEE Industry Applications Conference, 2001, 4: 2493-2499.

[34] Hu H B, Harb S, Kutkut N, et al. Power decoupling techniques for micro-inverters in PV systems-a review[J]. IEEE Energy Conversion Congress and Exposition, 2010: 3235-3240.

[35] Zhu G R, Tan S C, Chen Y, et al. Mitigation of low-frequency current ripple in fuel-cell inverter systems through waveform control[J]. IEEE Transactions on Power Electronics. 2013, 28(2): 779-792.

[36] 郑春蕊. 我国 LED 产业发展现状及前景展望[J]. 产业与科技论坛, 2008, 11: 79-80.

[37] 廖志凌, 阮新波. 半导体照明工程的现状与发展趋势[J]. 电工技术学报, 2006, 9: 106-111.

[38] Gu L, Ruan X, Xu M, et al. Means of eliminating electrolytic capacitor in AC/DC power supplies for LED lightings[J]. IEEE Transactions on Power Electronics, 2009, 24(5):1399-1408.

[39] Wu Chen, Hui S Y R. Elimination of an electrolytic capacitor in AC/DC light-emitting diode (LED) driver with high input power factor and constant output current[J]. IEEE Transactions on Power Electronics, 2012, 27(3): 1598-1607.

[40] Hu Y, Huber L, Jovanovic M. Single-Stage Universal-Input AC/DC LED Driver with Current-Controlled Variable PFC Boost Inductor[J]. IEEE Transactions on Power Electronics, 2012, 27(3): 1579-1588.

[41] Shimizu T, Jin Y, Kimura G. DC ripple current reduction on a single-phase PWM voltage-source rectifier[J]. IEEE Transactions on Industry Applications, 2000, 36(5): 1419-1429.

[42] Ruan X B, Mao X J, Ye Z H. Reducing storage capacitor of a DCM boost PFC converter[J]. IEEE Transactions on Power Electronics, 2012, 27(1): 151-160.

[43] Wang B B, Ruan X B, Xu M, et al. A method of reducing the peak-to-average ratio of LED current for electrolytic capacitor-less AC-DC drivers[J]. IEEE Transactions on Power Electronics, 2010, 25(3): 592-601.

[44] Wang H, Wang H R. A two-terminal active capacitor[J]. IEEE Transaction on Power Electronics, 2017, 32(8): 5893-5896.

[45] Wang H, Wang H R. An active capacitor with self-power and internal feedback control signals[C]. IEEE Energy Conversion Congress and Exposition, 2017: 3484-3488.

[46] Yukihiko Sato, Tomotsugu Ishizuka, Teruo Kataoka, et al. A new control strategy for voltage-type PWM rectifiers to realize zero steady-state control error in input current[C]. IEEE Transactions on Industry Applications, 1998: 480-486.

[47] 刘斌, 谢积锦, 李俊, 等. 基于自适应比例谐振的新型并网电流控制策略[J]. 电工技术学报, 2013, 28(9): 186-195.

[48] 黄如海, 谢少军. 基于比例谐振调节器的逆变器双环控制策略研究[J]. 电工技术学报, 2012, 27(2):77-81.

[49] 郭小强, 贾晓瑜, 王怀宝, 等. 三相并网逆变器静止坐标系零稳态误差电流控制分析及在线切换控制研究[J]. 电工技术学报, 2015, 30(4):8-14.

[50] Lee S Y, Chen Y L, Chen Y M, et al. Development of the active capacitor for PFC converters[C]. IEEE Energy Conversion Congress and Exposition, 2014: 1522-1527.

[51] Vitorino M A, Alves L F S, Wang R, et al. Low-frequency power decoupling in single-phase applications: a comprehensive overview[J]. IEEE Transactions on Power Electronics, 2017, 32(4): 2892-2912.

[52] Yao W, Wang X, Zhang X, et al. Improved power decoupling scheme for single-phase grid-connected differential inverter with realistic mismatch in storage capacitances[J]. International Exhibition and Conference for Power Electronics, Intelligent Motion, Renewable Energy and Energy Management, 2016: 1-8.

[53] Wu C Y, Chen C H, Cao J W, et al. Power control and pulsation decoupling in a single-phase grid-connected voltage-source inverter[C]. IEEE 2013 Tencon - Spring, 2013: 475-479.

[54] Cai W, Liu B, Duan S, et al. An active low-frequency ripple control method based on the virtual capacitor concept for BIPV systems[J]. IEEE Transactions on Power Electronics, 2014, 29(4): 1733-1745.

[55] Zhong Q C, Ming W L, Cao X, et al. Reduction of DC-bus voltage ripples and capacitors for single-phase PWM-controlled rectifiers[C]. 38th Annual Conference on IEEE Industrial Electronics Society, 2012: 708-713.

[56] Wang S, Ruan X, Yao K, et al. A flicker-free electrolytic capacitor-less ac-dc LED driver[C]. IEEE Energy Conversion Congress and Exposition, 2011: 2318-2325.

[57] Yao W, Loh P C, Tang Y, et al. A robust DC-split-capacitor power decoupling scheme for single-phase converter[J]. IEEE Transactions on Power Electronics, 2017, 32(11): 8419-8433.

[58] Zhu G R, Wang H, Liang B, et al. Enhanced single-phase full-bridge inverter with minimal low-frequency current ripple[C]. IEEE Transactions on Industrial Electronics, 2016, 63(2): 937-943.

[59] Wu H, Wong S C, Tse C K, et al. Control and modulation of bidirectional single-phase AC–DC three-phase-leg SPWM converters with active power decoupling and minimal storage capacitance[J]. IEEE Transactions on Power Electronics, 2016, 31(6): 4226-4240.

第 5 章 有源电容的可靠性评估

5.1 电力电子产品的可靠性问题

从 20 世纪 80 年代开始，可靠性研究一直向更深更广的方向发展。在技术上深入开展软件可靠性、机械可靠性、光电器件可靠性和微电子器件可靠性的研究，在工程上全面推广计算机辅助设计技术在各大领域的可靠性应用，采用模块化、综合化和如超高速集成电路等可靠性高的新技术来提高设计对象的可靠性。随着电子系统的复杂性增加，特别是集成电路的应用，越来越多证据表明，恒定故障率模型不能满足可靠性研究需求[1]。因此军用手册 217F (Military-Handbook-217F) 被正式取消，逐渐过渡向失效机理 (physics of failure，PoF) 研究[2]。近年来，随着科技的日益发展，根据两种方法的优缺点，去粗取精，可靠性研究将经验模型和 PoF 结合起来，前期用经验模型做比较，后期用科学方式分析。可靠性的评估方法由时间顺序逐渐做出了转型，可靠性的各种分析方式有利有弊，需要多种结合，取其精华。表 5.1 给出了 3 种评估方法具体的优点以及缺点。

表 5.1 可靠性分析方法

评估方法	故障手册	寿命模型	物理失效模型
优点	反映实际的现场故障和故障密度，很好地反应了现场可靠性	建立了模型并对其分析以及评估	了解故障机制失效的根本原因
缺点	假定器件在稳定失效期的故障率 λ 是不变的，可靠度 R(t) 满足指数分布。使用简单，但没有考虑器件的老化和温度的变化对失效率的影响	寿命经验模型的主要缺点是它从可获得的寿命数据经数学统计得到，没有直接描述器件的物理失效机理	实际应用时，器件材料性能描述和物理失效模型较复杂难以得到，且只能在单一失效机制下对失效模型进行评估

可靠性指产品在规定的条件下和规定的时间内，完成规定功能的能力。简单地说，狭义的可靠性是产品在使用期间没有发生故障的性质；广义的可靠性是指使用者对产品的满意程度或对企业的信赖程度，而这种满意程度或信赖程度是从主观上来判定的。为了对产品可靠性做出具体和定量的判断，产品可靠性可以定义为在规定的条件下和规定的时间内，元器件(产品)、设备或者系统稳定完成功能的程度或性质。这里的产品可以泛指任何系统、设备和元器件，指作为单独研究和分别试验对象的任何元件、设备或系统，可以是零件、部件，也可以是由它们装配而成的机器，或由许多机器组成的机组和成套设备，甚至还把人的作用也包括在内。规定条件包括使用时的环境条件、使用条件及维修条件。规定时间是

指产品规定了的任务时间；随着产品任务时间的增加，产品出现故障的概率将增加，而产品的可靠性将是下降的。因此，谈论产品的可靠性离不开规定的任务时间。例如，海底电缆系统要求几十年内可靠工作。规定功能是指产品规定了的必须具备的功能及其技术指标，也就是指产品的战术性指标。这里所指的完成规定功能是指完成所有功能。所要求产品功能的多少和其技术指标的高低，直接影响到产品可靠性指标的高低。产品规定功能的丧失称为失效，可修复产品的失效也称为故障。高可靠性的电力系统常用在电气应用领域的设计和运行中，主要驱动因素是在生命周期中较低的开发成本、制造成本、效率、可靠性、可预测性、较低的运行和维护成本。

影响产品可靠性的因素很多，主要因素有：使用条件、使用方法、设计上的可靠性问题、试验中的可靠性问题、原材料购买时的可靠性问题、制造中的可靠性问题、出厂后的可靠性问题、售后服务及可靠性维护等。了解到影响可靠性的因素，就可以通过控制这些因素来获得可靠性比较高的产品。可靠性发展也是从单一领域的研究发展到结合各个学科门类中相应的研究，形成多学科交叉渗透。可靠性在电力系统中得以广泛应用，目前的研究几乎涉及到电力系统发电、输电、配电等各方面，可靠性分析也正逐步成为电力系统规划、决策的一项重要的辅助工具。图 5.1 在海上风力发电中涉及了海底线路的可靠性以及如何保证优质的电能质量。图 5.2 在电机领域，涉及电机的过电流保护，过电压保护等等。在输电领域，如何减少误操作造成供电中断以及优化供电结构探讨逐渐深入。图 5.3 在电子领域通过借助可靠性数学模型和研究方法应用于实际中，可靠性分析方法的研究也趋于活跃。目前对电子产品的可靠性研究在可靠性建模理论、可靠性设计方法、失效机理分析、可靠性试验技术及数据统计方式等方面均已趋向成熟。可靠性贯穿于电子产品的整个寿命期内，从产品的设计、制造、安装、使用和维护的各个阶段都有可靠性技术的参与。

图 5.1　海上风力发电图　　　图 5.2　电机图　　　图 5.3　不同种类的电容

可靠性正向着综合化、自动化、系统化和智能化的方向发展。综合化是指统一的功能综合设计而不是分立单元的组合叠加，以提高系统的信息综合利用和资源共享能力。自动化是指设计对象具有功能的一定自动执行能力，可提高产品在使用过程中的可靠性。系统化是指研究对象要能构成有机体系，发挥单个对象不能发挥的整体效能。智能化将计算技术引入，采用例如人工智能等先进技术，提高产品系统的可靠性和维修性。而对于电力电子器件中的可靠性的研究趋势将划分为图 5.4 三个方面[3]，目前的研究着重在设计与验证和物理分析两方面。

如图 5.4 所示，电力电子可靠性研究可以分为以下三个方向[4]：①研究电力电子装置中关键器件(开关管、电容、驱动电路等)的物理模型和物理失效机理，需要材料、封装工艺和微电子等领域的结合，是可靠性研究的理论基础；②可靠性设计与验证是通过可靠性设计(Design for Reliability，DfR)流程，将可靠性评估和寿命预测包含在系统设计流程中，进行数次迭代，设计既满足性能要求又能找到成本与产品可靠性之间的平衡点，是提高电力电子装置可靠性的途径；③控制与监控是对关键器件长期运行工况下的健康状态进行数据提取与分析，预测设备失效时间，提前进行更换和维护避免设备出现故障，获取的数据可以用来进一步支撑和完善可靠性的研究工作。下面将分别从可靠性研究的对象、目标以及方法几个方面进行阐述。

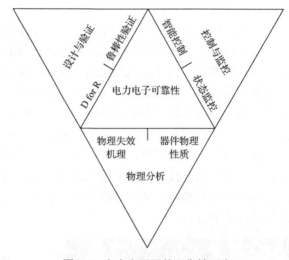

图 5.4　电力电子器件可靠性研究

在产品的设计和制造阶段，可靠性技术为奠定产品的固有可靠性尤为重要，意义分为如下几点：

(1)提高产品质量，保证高性能、高精尖、大规模复杂产品的可靠性和维修性；达到更低的全寿命周期费用，更短的开发时间；确保产品更高的稳定性；减少维修人力；降低使用保障费用。

(2)提高经济效益的可靠性是其竞争力关键性能指标。

(3)研制阶段对改进可靠性的投入将会获得高倍回报。

(4)对于系统、元器件都要研究其可靠性问题。

(5)可靠性研究范围广泛，包括可靠性设计、可靠性试验、可靠性工程、可靠性数学、可靠性统计，有可靠性性能的分析改进工程课题，有理论分析课题。

5.2　元器件失效机理

随着电力电子设备在国民经济各领域中的广泛应用，用户对其可靠性的要求与其本身脆弱特性之间的矛盾日益尖锐。在风能、太阳能等新能源发电领域，发电系统的故障停机问题大部分都是由于电力电子设备低可靠性引起的[5]。电力电子设备的低可靠性问题已经给新技术的应用推广带来了不容忽视的负面影响。电容作为变换器中最脆弱的元器件之一，其可靠性问题一直备受关注。据不完全统计，由直流侧电容故障引起整个电力电子变换器故障的比例高达 30%[5]。因此，开展直流侧电容失效机理研究，深入评估直流侧电容可靠性，有针对性地指导其高可靠性设计，对推动高性能功率变换技术的发展具有重要的意义。

在电力电子应用领域中，最脆弱的器件分布调查见图 5.5 所示，功率开关器件为最脆弱的器件，占到了整体的 34%，其次是电容，占到了整体的 20%，两者加起来占比超过整体的一半。因此，可靠性的主要研究对象是电容和开关器件[5]。

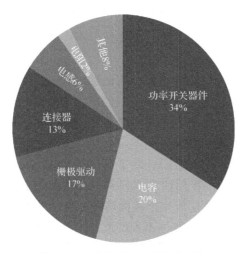

图 5.5　工业中不同器件的失效率

5.2.1　电容失效机理

3 种主要类型的电容可用于直流侧，即铝电解电容器(aluminium electrolytic capacitor，Al-Caps)、金属化聚丙烯薄膜电容器(metallized polypropylene film capacitor，

MPPF-Caps，以下简称薄膜电容)和高容量多层陶瓷电容器(multi-layer ceramic capacitors，MLC-caps，以下简称陶瓷电容)。直流侧电容设计需要匹配可用的电容器参数，而参数会受到特定的环境、电气和机械应力的影响。3 种电容存在各自不同的特有优势以及缺点，图 5.6 将电容的不同性质做出了一个对比[6]，可知铝电解电容虽有着最高的功率密度，但却有着相对较高的 ESR，同时由于电解质老化所带来的问题也十分严重。陶瓷电容体积小，频率波动较大，耐温高，但费用昂贵，易脆；薄膜电容在成本、ESR 及纹波电流和可靠性方面有着较好的平衡，然而缺点是存在较大的体积以及操作的上限温度较低。

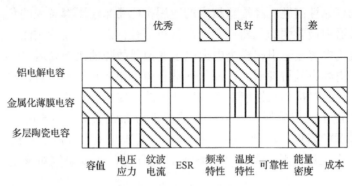

图 5.6　3 种类型的电容性能比较

由于设计缺陷、材料磨损、工作温度、电压、电流、湿度和机械应力等固有和外在因素，直流母线电容可能会失效。一般来说，故障可分为由于单一事件过应力而导致的灾难性故障及由于电容器的长时间劣化而导致的疲劳损耗。

电解质蒸发是 ESR 较高且散热面有限的小尺寸铝盖(如卡入式)的主要磨损原因。对于大尺寸的铝电解电容，磨损寿命主要由漏电流的增加决定，这与氧化层的电化学反应有关。薄膜电容最重要的可靠性特征是它们的自愈能力。在薄膜电容初始被绝缘击穿后(例如过电压)，除了可忽略的电容减小之外，电容器可恢复其全部能力。薄膜电容中的膜层约为 10～50nm，因此由于大气湿气的侵入而容易受到腐蚀[7]。若电解电容外层发生严重的腐蚀，将会导致金属膜从重边缘分离，从而使得电容减小，而内层的腐蚀不太严重，因为它对湿度的影响较小。与铝电解电容和薄膜电容的介电材料不同，陶瓷电容的介电材料预期可以持续使用数千年而不会显示明显的降解。因此，陶瓷电容器的磨损通常不是问题。但是，由于大量电介质的"放大"效应，陶瓷电容可能会更快地退化。陶瓷电容的主要失效原因是绝缘降解和挠曲开裂[8]，由于介电层厚度的减小导致的绝缘劣化导致漏电流增加。在高电压和高温条件下，可能分别发生雪崩击穿(avalanche breakdown，ABD)和热浪。ABD 突然爆发的电流导致立即击穿，而热浪表现出泄漏电流逐渐增加。电容失效机理如表 5.2 所示。

表 5.2　电容失效机理

电容	失效模式	临界失效机制	决定性应力源
铝电解电容	开路	电解质损耗	V_C, T_a, i_C
		端子连接不良	震动
	短路	氧化物层的介质击穿	V_C, T_a, i_C
	磨损: 电参数漂移 $(C$, ESR, $\tan\delta$, I_{LC}, $R_p)$	电解质损耗	T_a, i_C
		电化学反应(如氧化层退化、阳极箔电容下降)	V_C, T_a, i_C
薄膜电容	开路(典型情况)	自愈式介质击穿	V_C, T_a, $\dfrac{\mathrm{d}V_C}{\mathrm{d}t}$
		由于电介质膜热收缩导致的连接不稳定性	T_a, i_C
		由于水分的吸收而导致的金属氧化物的氧化进而使电极面积减少	湿度
	短路(带电阻)	介质薄膜击穿	V_C, $\dfrac{\mathrm{d}V_C}{\mathrm{d}t}$
		过电流自愈	T_a, i_C
		薄膜吸水	湿度
	磨损: 电参数漂移 $(C$, ESR, $\tan\delta$, I_{LC}, $R_p)$	电解质损耗	V_C, T_a, i_C, 湿度
陶瓷电容	短路(典型情况)	电介质击穿	V_C, T_a, i_C
		破裂: 电容器体损坏	震动
	磨损: 电参数漂移 $(C$, ESR, $\tan\delta$, I_{LC}, $R_p)$	氧化物空隙移动; 介质击穿; 绝缘性降低; 陶瓷微裂纹	V_C, T_a, i_C, 震动

　　寿命模型对于寿命预测、在线状态监测和不同电容器解决方案的基准非常重要。式(5.1)为最广泛使用的电容器经验模型[9],它描述了温度和电压应力对寿命的影响。

$$L = L_0 \left(\frac{V}{V_0}\right)^{-n} \cdot \mathrm{e}^{\frac{E_a}{K_b}\left(\frac{1}{T}-\frac{1}{T_0}\right)} \tag{5.1}$$

式中,L 和 L_0 分别为使用条件和测试条件下的寿命;V 和 V_0 分别为使用条件和测试条件下的电压;T 和 T_0 分别为在使用条件和测试条件下的开尔文温度;E_a 为活化能;K_b 为玻尔兹曼常数$(8.62\times10^{-5}\mathrm{V/K})$;$n$ 为电压应力指数。因此,E_a 和 n 的值是上述模型中重要的关键参数。

　　在文献[10]中,高介电常数陶瓷电容器的 E_a 和 n 分别为 1.19 和 2.46;陶瓷电容的 E_a 和 n 的范围分别为 1.3~1.5 和 1.5~7。由于陶瓷材料、介电层厚度、测试条件等因素的差异较大。随着尺寸越来越小，介质层越来越薄，陶瓷电容将会对电压应力更为敏感，这意味着更高的 n 值。而且，在不同的测试电压下，n 的值可能不同。对于铝电解电容和薄膜电容，一个简化的模型普遍适用如下

$$L = L_0 \times \left(\frac{V}{V_0}\right)^{-n} \times 2^{\frac{T_0-T}{10}} \tag{5.2}$$

对于薄膜电容，指数 n 大约为 7～9.4，对于铝电解电容，n 的值通常为 3～5。但是，铝电解电容寿命的电压依赖性很大程度上取决于电压应力水平。为了从不同的电容器制造商那里获得寿命模型变体的物理解释，在文献[11]中推导出一个通用模型

$$\frac{L}{L_0} = \begin{cases} \left(\dfrac{V_0}{V}\right) \cdot e^{\frac{E_a}{K_b}\left(\frac{1}{T}-\frac{1}{T_0}\right)}, & 低压 \\[3ex] \left(\dfrac{V}{V_0}\right)^{-n} \cdot e^{\frac{E_a}{K_b}\left(\frac{1}{T}-\frac{1}{T_0}\right)}, & 中压 \\[3ex] e^{a_1(V_0-V)} \cdot e^{\frac{E_{a0}-a_0V}{K_bT}-\frac{E_{a0}-a_0V_0}{K_bT_0}}, & 高压 \end{cases} \tag{5.3}$$

式中，a_0 和 a_1 为描述 E_a 的电压和温度依赖性的常数；E_{a0} 是被测活化能。可以注意到，对于低压应力、中压应力和高压应力，电压应力的影响分别被建模为线性、幂律和指数方程。另一个重要的观察结果是活化能 E_a 随着使用条件电压和测试条件电压而变化，特别是在高电压应力的条件下。通常可得到电容的可靠性评估流程如图 5.7。

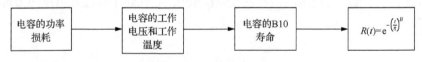

图 5.7 电容可靠性评估流程

5.2.2 开关器件失效机理

随着绝缘栅双极型晶体管（insutated gated bipolar transistor，IGBT）等电力电子器件广泛应用于各类电能变换装置。IGBT 模块作为功率变流器的主要部件，因 IGBT 失效而导致功率变流器的故障率较高，当 IGBT 模块重复开通或关断时，在热冲击的反复作用下产生失效或疲劳效应，其工作寿命与可靠性将影响到整个装置或系统的正常运行。IGBT 模块主要由芯片、直接覆铜（direct coppe bonding，

DCB)陶瓷层和基板构成，层间通过焊料焊接，模块构造见图 5.8，各层的材料、厚度、膨胀系数、热导率、热阻值和热容值各不相同。

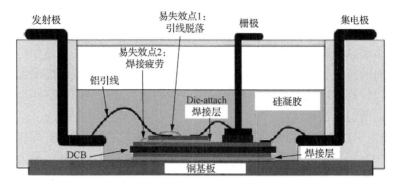

图 5.8　IGBT 模块失效位置剖面图

1. IGBT 失效机理

由于铝引线和硅芯片两种不同材料热膨胀系数的差异，功率循环过程中温度反复上下波动将在焊接面产生交变热机应力以及引线自身弯曲形变应力，这将导致铝引线与硅芯片间焊接面之间产生裂纹并逐渐扩散，最终导致引线脱落。利用扫描式电子显微镜技术可清晰观察到引线脱落后硅芯片焊接面留下的裂纹与空洞痕迹。实际上，在不同幅度的波动条件下，IGBT 模块失效的模式有所差异。在功率循环过程中，若 IGBT 结温温度波动较小，则更容易导致焊接层疲劳老化，内部热阻增大，最后导致其失效；若 IGBT 结温波动幅度 $\Delta T_j \geqslant 100K$，那么模块内部的热阻将不会发生明显改变，但产生的剪切应力很可能导致引线脱落而失效。不同的铝引线绑定工艺也会影响其脱落的过程，与传统的直接绑定法相比，在 IGBT 焊接面敷设金属钼可减缓功率循环过程中产生的剪切应力，在引线绑定后涂加聚合物保护层可以缓和裂纹的扩散，较好地改善引线失效进程，延长功率模块的寿命。通过上述分析可知，引线脱落失效受多种因素影响，深入理解其失效机理有助于研究相应检测与故障诊断技术以便监测引线失效过程，防止事故的发生并为系统基于状态监测的维护和管理、提高其运行可靠性提供依据和支持。

IGBT 可能的失效机理有：

(1)封装失效。

(2)硅芯片缺陷、晶体缺陷、硅材料中的杂质、器件生产期间由扩散问题引起的工艺缺陷也会使器件失效。

(3)材料缺陷，由于高电场引起的电迁移、大电流产生电过应力造成的导体损毁、腐蚀、焊接引起的金属磨损、静电放电和通过引线扩展的高压瞬变可使薄绝缘体击穿导致失效。

　　在模块实际工作中，相邻芯片连接处、焊料层和绑定引线及绑定处受到功率循环产生的热应力的反复冲击，导致焊料层因材料疲劳出现裂纹，裂纹生长甚至出现分层(空洞或气泡)，导致绑定引线的剥离、弯曲或熔断。热应力、机械应力或金属与封装材料之间的热膨胀系数不匹配容易使管壳出现裂纹引发封装失效，其特殊的多层结构及不同材料间的热膨胀系数的不匹配将在长期热循环冲击作用下引起材料的疲劳与老化，并最终导致模块因芯片引线断裂或温度增加而失效。另外，制造过程中可能在焊接层与引线中产生初始裂纹与空洞，这将加速封装材料疲劳从而增加失效可能性。

　　(4) 绑定引线及绑定失效。绑定铝线通过绑定处与芯片、DCB 焊接，绑定的地方是 IGBT 模块最为薄弱的环节之一，因大电流通过造成的热过应力、因绑定不当造成的绑定引线上的机械应力、过大的绑定压力及硅的电迁移、绑定引线与芯片之间的界面上的裂纹都会造成引线脱落失效。由于受到大电流的不断冲击，绑定处不同材料热膨胀系数不同，产生的热应力也不同。随着功率循环的持续进行，不同热应力对绑定处的剥离效应不断积累传播，最后超出绑定处的承受能力，导致绑定引线剥离焊盘或弯曲完全脱离焊盘。当其中一根或几根绑定引线略微或全部脱落时，会导致电流分配不均，超出绑定引线所能承受的载荷极限，导致更多的绑定引线剥离绑定处或弯曲。若模块不能及时停止工作，会出现绑定引线中间弧形跨接部分熔断现象。引线一般通过绑定工艺连接到半导体芯片上以便将器件的电流引出到功率模块。为提高电气连接可靠性，功率模块中各芯片均通过多根引线并联引出。然而实际运行中，一根引线的脱落会加速其他引线相继脱落，最终造成 IGBT 模块故障。对铝引线脱落失效机理，目前人们已经做过不少研究，如图 5.9 所示。

　　在焊接引线时，剪切应力施加在引线和硬模(Die)上，由于应力集中效应，靠近裂纹位置的应力(σ_{local})要大于其他位置平均分布的应力(σ)，σ_{local} 可以根据式(5.4)来计算。

$$\sigma_{local} = \sigma + \sigma\sqrt{\frac{a}{2r}} \tag{5.4}$$

$$r = \frac{a\sigma^2}{2(\sigma_r - \sigma)^2} \tag{5.5}$$

式中，a 为裂纹长度；r 为到裂纹尖部的距离；σ_r 为塑性区的应力。引线脱落扩展示意图如图 5.10 所示，由图可见，随着到裂纹尖部的距离越远，σ_{local} 应力就随着减小，当应力大于铝线产生的应力时，裂纹变形就开始扩散流动。

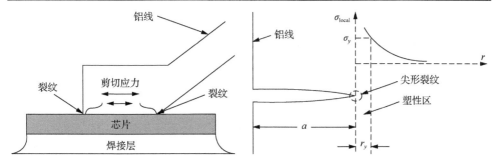

图 5.9　引线脱落失效　　　　　　图 5.10　引线脱落扩展示意图

在裂纹变形区域内，裂纹就从焊接导致的变形位置开始向周围扩散，并形成孔隙，随着裂纹的进一步扩散，这些孔隙就连成一片，裂纹也从开始的尖形裂纹变成平滑裂纹，这种变形的平滑裂纹也越来越长，导致应力越来越小从而不能恢复到原状，引线就脱落，故称为延展裂纹，延展裂纹在扩展过程中积聚和消耗了大量的能量，所以引线脱落后，原引线焊接处表面就变得非常粗糙。

（5）焊料层疲劳。焊接层疲劳被认为是变流器 IGBT 的另一种主要失效方式，如图 5.11 所示，IGBT 模块由异质材料构成多层结构，在热循环过程中不同热膨胀系数的材料会产生交变应力，使材料弯曲变形并发生蠕变疲劳，从而导致硅芯片与基板之间以及基板与底板之间的焊接层中产生裂纹并逐渐扩散，最终导致失效或分层。一些随时间变化的力学参数，如材料机械硬化等会增大热应力，加速焊料层出现裂缝，从而导致芯片黏结失效，各物理层之间接触不当会降低模块的导热性能，使模块不断积累热量，得不到散发，进而加速绑定引线弯曲和焊料层失效。随着焊接层疲劳程度的增加，空洞与裂纹的发展将导致焊接层有效接触面积逐渐减小，这将引起模块内部热阻增加、芯片结温增加并最终造成芯片过热而烧毁。考虑到芯片结温的设计余量，一般以模块内部热阻增加 20%作为焊接层疲劳失效的临界指标。实际上，在 IGBT 模块封装过程中由于工艺不完善，焊接层中的初始空隙就已经形成并在热应力作用下逐渐扩散。封装过程中产生初始空洞的大小与 IGBT 失效之间也存在较大关系。

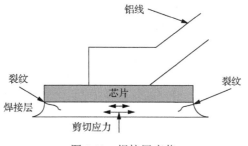

图 5.11　焊接层疲劳

除了讨论的磨损之外，还有不同的类型灾难性的失败也可能由单事件过应力触发。应该注意的是，磨损和过应力故障可能具有相同的故障机制(例如，接合线剥离)，但前者是由于长期的退化，后一种是单次事件在短时间内过度。

2. IGBT 失效对策

由于应用时负荷是变化的，在应用中，IGBT 就会遭受不同的功率和温度循环，在相邻的两层之间由于材料热膨胀系数不同，IGBT 会承受不同的功率和温度循环引起的热机应力，由此可见，IGBT 可靠性主要就受热机应力的影响。针对失效机理及原因分析，可从以下几点避免或延缓出现失效现象。

(1)为避免电流分配不均引起的个别芯片或引线提前疲劳失效、老化，应尽量使芯片之间的连接保持对称。

(2)在保持热阻和导电性不变的情况下，在焊料层内掺杂与芯片、基板膨胀系数及属性基本相同的材料，提高芯片与引线之间焊料的熔点。

(3)在电路设计时加入诸如齐纳二极管、变阻器和滤波器之类的保护器，防止过应力影响关键器件。

(4)改进散热技术，使 IGBT 模块产生的热量及时传递到外部空间。

(5)使用其他材料并改进封装和焊接技术，如芯片使用耐高温的碳化硅材料，封装基板材料，由铜(Cu)换成铝碳化硅(AlSiC)，或由多块相同的小基板组成，能有效减小应力形变以减小封装热阻，提高模块稳定和可靠性，DCB 陶瓷层材料由三氧化二铝(Al_2O_3)换成氮化铝(AlN)这些热膨胀系数小的材料，可提高模块散热和承受热循环的能力，以提高器件的应用与长期可靠性。为了提高 IGBT 的可靠性，一些新的封装技术正被逐渐采用。对于引线脱落故障，一种技术是采用并排焊接引线，并排焊接减少了引线数量，而且并排焊接技术还可以缩短焊接时间，降低焊接成本，也能降低在长时间普通焊接技术可能会承受的热应力风险，但并排焊接需要较高的压力，因此较薄的硅片需要金属化封装，以便能承受更高的压力。为了减少引线故障，另一种技术是采用双面冷却技术，双面冷却技术可以让功率模块不需要引线，但还需要进一步研究芯片焊接肿块技术。对于焊接疲劳故障，烧结技术正被采用来克服在高温度循环下的焊接疲劳，传统的焊接材料采用的是软焊料-锡，由于锡熔化温度较低，在温度高于 125℃时，它的可靠性不高，现在采用银料来在 DCB 上焊接硬模，采用银料的功率模块可以安全运行温度能高于 200℃，而且银料的抗拉强度也较好，可以保证在烧结时有较好的功率循环能力。为了焊接疲劳故障，可以采用碳化硅(SiC)来代替硅(Si)、SiC 的运行温度远高于 Si 的运行温度。

5.3　元器件可靠性评估

5.3.1　直流侧电容有源化典型结构

直流侧电容在电力电子变换器中被广泛用来平衡直流母线输入侧和输出负载侧的功率，并且起到抑制直流母线电压波动和滤除谐波电流的作用，在某些应用中还起到在电路故障时提供能量支撑的作用。

在单相变换器中，直流侧无源功率解耦方法(图 3.11)，通常在直流母线两端并联电解电容来缓冲直流侧的脉动功率以平衡直流侧和交流侧瞬时功率，达到抑制直流侧低频纹波电流的目的。

电解电容的寿命在很大程度上受工作温度的影响，电容电流流过电容 ESR 时会产生热，而随着电解电容内部核温的升高，电解液从电容封装挥发的过程会加剧，同时电容容量会降低，造成电解电容 ESR 增大，反过来导致电容损耗的增加，从而加速电容的老化失效。通常电解电容在 105℃工作温度下的寿命仅为 1000～7000h。由于单相变换器直流侧低频纹波电流为二倍工频，频率较低，所以所需的电解电容容量大，同时二倍工频对应的电容 ESR 大，造成低频纹波电流下的电容损耗较大，使电解电容老化问题加剧，寿命十分有限。为克服直流侧无源功率解耦方法的缺点，目前功率解耦方法的研究主要集中在有源方法，有源方法通常利用有源电路来减小直流侧脉动功率以实现功率解耦，达到抑制直流侧低频纹波的作用，解耦电容容量可以明显减小并且可靠性会得到提高。以功率解耦模块在单相 H 桥变换器的应用为例，功率解耦模块可以置于单相 H 桥变换器直流侧或交流侧，当功率解耦模块在 H 桥变换器直流侧时(图 3.14)，模块中电容的电压表达式见式(3.27)。

相比于无源方法，通过适当的控制以增大单个电容两端电压的波动，小容值的薄膜电容可用来取代电解电容。交流侧加功率解耦模块的 H 桥逆变器电路图(图 3.15)。模块中电容的电压如式(3.39)。与解耦模块在直流侧不同的是，利用交流侧滤波电容分为两个以缓冲脉动功率，因此整体系统的器件数少于解耦模块在直流侧情况。

5.3.2　电容可靠性

直流侧电容作为单相变换器中重要的元件之一，在变换器系统中起着重要的作用。直流侧电容早期因为需要缓冲交流侧带来的脉动功率，所以电容值往往需要较高，考虑到成本、尺寸等因素，在大部分变换器中直流侧电容选择为电解电容。然而电解电容受到耐压、电流承受能力等因素的影响，为了获得大纹波电流吸收量和满足高压使用要求，则必须要用多个电解电容进行串、并联。另外由于电解电容相对薄膜电容 ESR 高很多，在实际使用中变换器交流侧的脉动功率和无功功率传递到变换器直流侧，直流侧电容在平衡这些脉动功率时，导致不同频率的纹波电流将会流过直流侧电容，结合电容寿命模型式(5.1)分析可得：根据直流侧电容 ESR 的大小，部分纹波功率流过电容时最终转化为直流侧电容上热应力。这将引起电容电解液材料的挥发呈加速状态，严重影响直流侧电容的可靠性和使用寿命[16]，导致电解电容作为直流侧电容使用时要定期进行更换，以防止电容失效损坏变换器系统。但是在需求单相变换器最大的新能源领域中，一般要求系统中的电力电子产品寿命要达 15 年，那么若使用电解电容作为直流侧电容，在变换器所要求的寿命周期内必须更换两到三次。因此电解电容作为直流侧电容在变换器整机运行与使用时将会带来不菲的费用和不方便，可见其周期寿命不能满足现在电力变换器日益提高的可靠性要求。

电容可靠性设计流程如图 5.12 所示，电容的寿命模型采用的是最常用的经验模型，使用寿命与电容工作电压等级和温度有关，其公式为

$$L = L_0 \times \left(\frac{V}{V_0}\right)^{-n} \times 2^{\frac{T_0 - T}{10}} \tag{5.6}$$

对于电解电容 $n=3\sim5$，薄膜电容 $n=7\sim9$，由于本书电容工作电压均未过应力，此处忽略电压对电容寿命的影响。

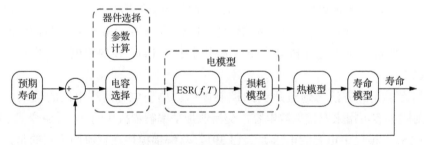

图 5.12　电容可靠性设计流程图

结合电容厂商提供的参数和系统工况，还需要电容的电、热模型得到电容损耗和工作温度，如图 5.13 所示。电气模型中，C 代表电容，ESR 是电容的等效串联电阻，ESL 是电容的等效串联电感，i_C、v_C 分别是电容的电流和电压应力。热模型中，T_c 是电容外壳的温度，T_a 是环境温度，$R_{th,c-a}$ 是电容外壳到环境的热阻，P_C 是电阻的损耗。

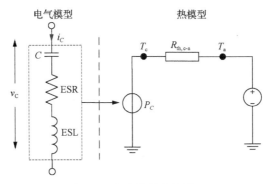

图 5.13　电容等效电热模型

电容损耗主要是由于电流流经电容的 ESR 而产生的。ESR 会随电流频率升高而降低，由于直流侧电容上电流主要频率为二倍工频，频率为 100Hz，故电容损耗计算简化为

$$P_{Closs} = ESR_{100} I_{Crms}^2 \qquad (5.7)$$

电容的损耗会以热的形式耗散，当损耗和环境温度已知，通过电容核温到环境之间的热阻抗推导得到电容内部的温升，即核温 T_c 为

$$T_c = T_a + P_C R_{th,c-a} \qquad (5.8)$$

5.3.3　开关管可靠性评估

由于开关管的寿命与结温变化幅度及平均结温有关，所以需要分析开关管损耗，并利用开关管电热模型计算开关管结温。为了计算开关管的损耗，需要得到开关管的开关损耗和导通损耗。在本章中主要通过利用 PLECS 软件对开关管损耗进行建模仿真。PLECS 软件对开关管损耗的建模通过查表法，利用开关管数据手册数据，基于损耗算法计算得到。PLECS 中开关管的开关损耗模型，输入量为四维矩阵，包括开关管电压、工作电流、结温及开通关断能量，由开关管数据手册提供，输出量为开关管开关损耗。图 5.14(a)、(b) 为 PLECS 中输入 Infineon 公司型号为 FS50R06W1E3_B11 的 IGBT 中数据手册内容经查表法表示的开关管开通和关断能量。由于 FS50R06W1E3_B11 的 IGBT 在数据手册中综合了反并联二极管的特性，图 5.14(b) 中开关管关断能量负值即表示反并联二极管反向恢复能量，所以 PLECS 中开关管损耗也计及开关管反并联二极管损耗。

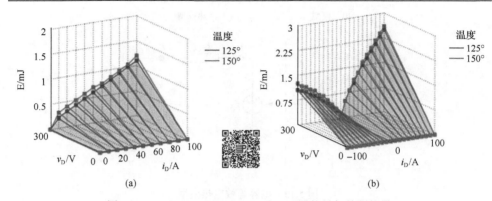

图 5.14　IGBT FS50R06W1E3_B11 开通能量与关断能量

PLECS 中开关管的导通损耗模型，输入量为三维矩阵，包括开关管工作电压、电流和结温，由开关管数据手册提供，输出为开关管导通损耗。图为输入 Infineon 公司型号为 FS50R06W1E3_B11 的 IGBT 中数据手册内容，经查表法表示的 IGBT 工作电压及电流。同理，由于综合了反并联二极管的特性，图 5.15 中开关管电压电流负值即表示反并联二极管在此情况下会产生二极管导通损耗。

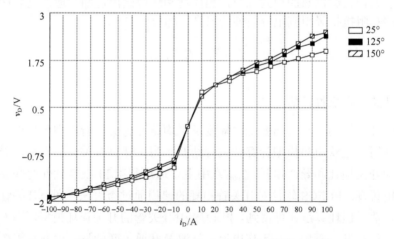

图 5.15　IGBT FS50R06W1E3_B11 导通损耗

在得到开关管的损耗后，损耗产生的热需要经过开关管的多层结构传递到散热器及环境。开关管的热阻抗可以表示为热阻 R_{th} 和热容 C_{th} 的级联 RC 热网络，以表示不同层与材料的热行为。RC 热网络可以被分为两种：物理意义的 Cauer 模型和基于实验数据得到的 Foster 模型，通常 Foster 模型被广泛应用。PLECS 软件可以在这两种模型下对开关管热模型进行设置。这两种下面对 Cauer 模型以及 Foster 模型进行详细介绍。

Foster 模型的数据通常由器件厂商数据手册提供，Foster 模型为数学上的阻抗拟合，因此没有任何物理意义，但由于使用方便所以被广泛应用在开关管热阻抗计算中。Foster 模型根据器件厂商数据手册数据得到的 RC 热网络阻抗公式为

$$Z_{\text{th(j-c)}}(t) = \sum_i^n R_i (1 - e^{-\frac{t}{\tau_i}}) \tag{5.9}$$

式中，$Z_{\text{th(j-c)}}(t)$ 为 RC 热阻抗；R_i 为热阻；τ_i 为时间常数且 $\tau_i = R_i C_i$；C_i 为热容。

图 5.16 为开关管结到壳的 Foster 模型示意图，图中 T_j 表示开关管的结温，T_c 表示开关管的壳温，其中 RC 的级数通过器件厂商数据手册数据得到，不受图中数据限制。

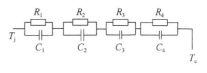

图 5.16　Foster 模型

Cauer 模型与开关管多层结构的几何和材料等物理性质有关，因此每个 RC 级都有自己的物理意义。Cauer 模型可以利用开关管模块的几何和材料等采用有限元分析方法（FEM）得到，RC 的级别是有限的且由开关管层级结构决定，如图 5.17 所示。图 5.17 中从结到壳依次为硅层、焊料层、金属层、陶瓷层、金属层、焊料层及基层的热阻和热容。虽然 Cauer 模型对于描述开关管物理特性有很高的准确性，但由于需要考虑的参数和物理模型过于复杂，在本书仍然使用 Foster 模型进行开关管阻抗计算。

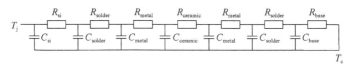

图 5.17　Cauer 模型

通过前面对 PLECS 中开关管损耗和热模型的建立，开关管的结温可以利用 MATLAB/Simulink 与 PLECS 进行联合仿真得到，MATLAB/Simulink 可以实现较复杂的控制，而 PLECS 可以作为 MATLAB/Simulink 的子模块进行损耗与热计算。由前面分析可得，PLECS 中热阻抗选择多层 Foster 模型对开关管 RC 网络进行设置，得到开关管结温变化图。不同型号的开关管在同一电路应用中，由于参数不同，得到的结温波动情况也不同，图 5.18 所示为选取 Infineon 公司 FS20R06W1E3_B11、FS30R06W1E3_B11 与 FS50R06W1E3_B11 三种型号的 IGBT 在 PLECS 仿真得到的开关管结温波形图。

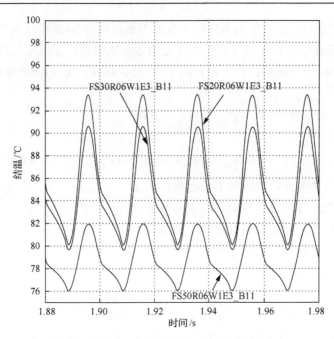

图 5.18 相同工况不同型号开关管结温波形图

选用 Infineon 公司的 IGBT FS50R06W1E3_B11 作为 H 桥及功率解耦模块开关管，其他参数与上一节相同，得到 PLECS 中 H 桥逆变器及功率解耦模块在直流侧和交流侧开关管结温仿真结果如 5.19(a)、(b)所示。

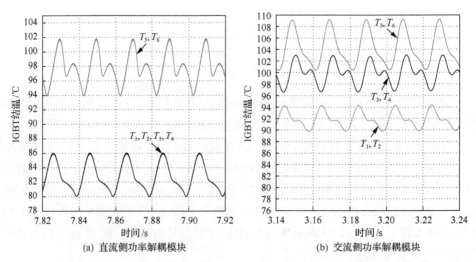

图 5.19 H 桥及功率解耦模块在直流侧和交流侧开关管结温

从图看出，IGBT 结温波动周期为 0.02s，与 H 桥逆变器输出功率的波动周期相同。由于在本书只考虑变换器在稳态以及环境温度一定条件下的寿命与可靠性，所以 IGBT 的结温波动只在小间隔内变化，开关管只存在功率循环而不存在热循环。图中开关管温度在平均结温左右波动，波动最大值为 T_{jm}，波动幅度为 ΔT_j。从图中可以看出，模块在直流侧时，开关管 $T_1 \sim T_4$ 的结温波动情况相同，波动最大值 T_{jm} 为 86℃，波动幅度 ΔT_j 为 4℃，开关管 $T_5 \sim T_6$ 的结温波动最大值 T_{jm} 为 102℃，波动幅度 ΔT_j 为 6℃；模块在交流侧时，开关管 $T_1 \sim T_4$ 的结温波动情况不同，开关管 $T_1 \sim T_2$ 的结温波动波动最大值 T_{jm} 为 94℃，波动幅度 ΔT_j 为 2.5℃，开关管 $T_3 \sim T_4$ 结温波动最大值 T_{jm} 为 103℃，波动幅度 ΔT_j 为 3.5℃，开关管 $T_5 \sim T_6$ 的结温波动最大值 T_{jm} 为 109℃，波动幅度 ΔT_j 为 5℃。而未加功率解耦模块时，H 桥逆变器开关管结温波动于模块在直流侧时相同。

由以上分析可以得出：

(1) 功率解耦模块在 H 桥直流侧时，开关管 $T_1 \sim T_4$ 的结温波动相同且与未加功率解耦模块时相同。

(2) 功率解耦模块在 H 桥交流侧时，开关管 $T_1 \sim T_4$ 的结温波动不同且结温均大于解耦模块在 H 桥直流侧时 $T_1 \sim T_4$ 的结温，此时开关管 $T_3 \sim T_4$ 的结温波动最大值和波动幅度均大于开关管 $T_1 \sim T_2$。

(3) 功率解耦模块在 H 桥交流侧时模块开关管 $T_5 \sim T_6$ 的结温均大于解耦模块在 H 桥直流侧时开关管 $T_5 \sim T_6$ 的结温，此时开关管 $T_5 \sim T_6$ 结温波动最大值大于模块在直流侧时，波动幅度小于在直流侧时。

将所得结温数据带入到开关管寿命模型即可得到开关管在此工况下的寿命。图 5.20 为 H 桥逆变器以及功率解耦模块中开关管以及模块电容的寿命。薄膜电容 MKP1848 作为功率解耦模块电容。可以看到功率解耦模块在 H 桥逆变器直流侧

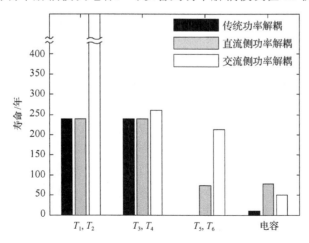

图 5.20　开关管以及模块电容寿命

时对 H 桥逆变器开关管寿命几乎没有影响，模块在 H 桥逆变器交流侧时由于逆变器开关管中 $T_1 \sim T_2$ 的结温波动幅度较小，寿命明显大于开关管 $T_3 \sim T_4$，模块在交流侧时由于 $T_5 \sim T_6$ 结温波动幅度较小，寿命大于模块在直流侧解耦，而模块电容寿命为直流侧解耦大于交流侧解耦情况。

经过上节，可以得到当环境温度一定时，不同功率解耦方式下开关管的寿命，但是该可靠性评估流程没有考虑由于材料、工艺等原因造成器件参数的不一致性，如果不是同一批次生产的同型号器件，其不一致性会更加严重。在 Bayerer 模型中，A、β_1、β_2 和 β_3 相关拟合系数是在一定置信区间内，通过大量加速老化实验测量所得，拟合系数本身就存在一定波动，为模拟实际情况中器件参数不一致的情况，本书采用了 Monte Carlo 数据统计学方法，对开关管进行可靠性评估，下面以单相全桥逆变器 T_1 为案例进行详细的说明。

器件的不一致性导致的参数波动通常符合正态分布，在此假设 A、β_1、β_2 和 β_3 拟合系数参数波动范围为 ±5%，其正态分布表达式为

$$\begin{cases} A, \beta_1, \beta_2, \beta_3 \sim N(\mu, \sigma^2) \\ \mu = \mu_0, \ \sigma = \dfrac{|\mu_0| \times 5\%}{3} \end{cases} \tag{5.10}$$

式中，μ 为正态分布的期望；μ_0 为拟合系数的经验值，可以通过厂家或者参考其他文献获得；σ 为正态分布的标准差，其数值大小表示参数在期望附近的波动强弱。

为了评估开关管寿命对不同参数的敏感程度，首先保持 A、β_1、β_2 和 β_3 四个拟合参数中三个是常数，分别考虑任意一个参数发生波动时，可以通过 Matlab 或者 Excel 编写程序生成 10000 个符合式 (5.10) 的正态分布的随机数，将随机数和上节中得到的开关管的结温平均值与波动峰峰值带入 Bayerer 模型中，从而得到 10000 个符合正态分布的开关管的热循环周期数，对该数据进行正态曲线拟合可以得到图 5.21。

采用单一变量法，图 5.21 中的横坐标是基于 Bayerer 模型中四个拟合参数中任意一个波动产生样本下，计算所得的热循环周期数，纵坐标为在对应热循环周期数下，样品出现的频次，最后以蓝色柱状图形式显示；通过对随机数求期望和标准差，可以画出图中红色的正态分布曲线，蓝色柱状图基本与红色正太分布曲线外观相同，当样本参数越多，越接近。图中期望和标准差可以分别等效为对应波动参数下，开关管的平均寿命和寿命波动的稳定性。参数波动对于器件寿命平均值的影响很小，基本相同，其大小代表了开关管寿命对参数的敏感程度。由开关管热循环周期数正态分布曲线图中的期望和标准差，当仅考虑 β_3 拟合参数波动时，N_f 的标准差最小；当仅考虑 β_1 时，N_f 的标准差最大，故开关管的热循环周

期数与参数 β_1（结温波动拟合系数）最敏感，参数 A 的扰动对热循环周期数影响最弱。

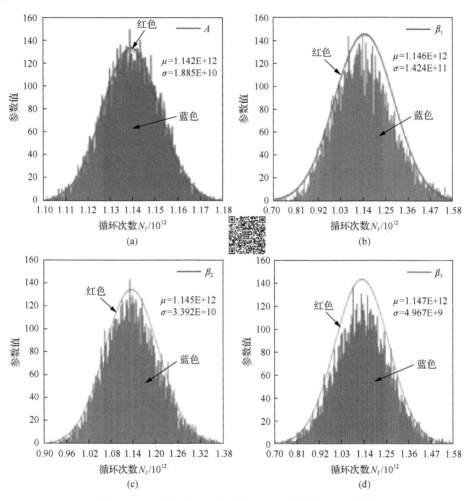

图 5.21　分别考虑不同参数波动下开关管的 N_f 曲线图

5.4　变换器系统的可靠性评估

5.4.1　含有源电容的系统可靠性评估

使用 Monte Carlo 法令四个拟合参数同时产生随机数，将各随机数代入 Bayerer 模型中，重复上述步骤，可以得到综合考虑参数波动下的开关管的热循环周期数和其拟合的正态分布曲线，如图 5.22。

　　通过图 5.22 可以发现，当样本足够多的时候，参数的波动对期望(器件平均寿命)影响可以忽略，但综合考虑参数波动的标准差会很大，标准差系数为 14.4%(标准差/期望)。同一型号产品，每个参数波动仅为 5%，但是器件最后寿命的波动呈数倍之势。

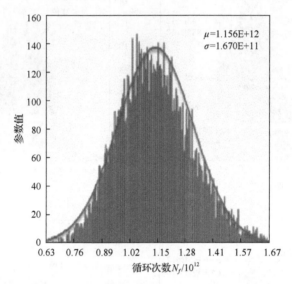

图 5.22　综合考虑参数波动下不同开关管的 N_f 曲线图

　　通过 Monte Carlo 方法，综合考虑了 Bayerer 模型中四种参数波动情况下，开关管的热循环周期数和正态分布曲线图，当评估开关管时，$\beta = 2.5$，可以利用 Weibull 法得到开关管可靠性曲线，图 5.23 为是否考虑参数波动的开关管的可靠性 Weibull 曲线对比图。

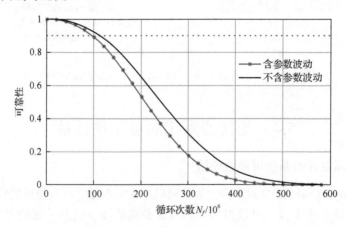

图 5.23　是否考虑参数波动的开关管可靠性曲线对比图

其中带星点标记的是基于 Monte Carlo 法、综合含参数的开关管的可靠性 Weilbull 分布曲线图，光滑曲线未考虑参数波动，点状线与两曲线的交点分别为两种评估方法下开关管的 B_{10} 寿命。

由此完成了当环境温度恒定情况下，关键器件的可靠性评估流程，然而全年由于季节气候原因导致的温差可以达到数十度，恒定温度评估流程存在较大误差，所以需要在恒定温度可靠性评估的基础上，针对一年的温度剖面，完成对器件和系统的可靠性评估。

如图 5.24 所示为系统可靠性评估流程图，主要包括器件级的寿命预测和可靠性评估以及系统级的寿命预测与可靠性评估。下面介绍具体的器件以及系统可靠性评估流程。

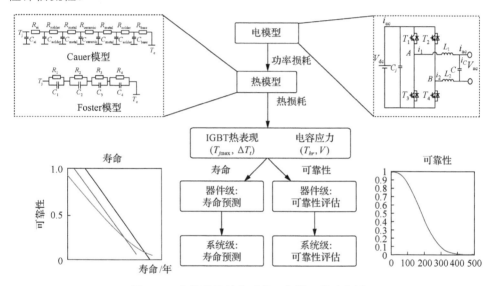

图 5.24　变换器器件和系统可靠性评估流程图

首先根据不同电路拓扑中的电路分析，得到变换器中各器件的电应力，根据各器件损耗模型计算各器件损耗；再选取器件的热模型，如 Cauer 模型和 Foster 模型，在器件损耗的基础上得到器件的热应力；在器件热应力的基础上，利用器件的热失效寿命模型，如描述开关器件寿命与结温波动幅度以及平均节温的关系的 Coffin-Manson 模型及描述电容的核温和工作电压的电容寿命模型，就可以进行器件级的寿命预测和可靠性评估；在器件级寿命预测和可靠性评估的基础上，利用系统可靠性评估方法，如可靠性框图（reliability block diagram，RBD），可以综合各器件对系统可靠性的影响，得到系统级的寿命预测和可靠性评估结果。

利用 RBD 对传统功率解耦方法以及功率解耦模块在 H 桥逆变器直流侧或交流侧解耦拓扑时三种结构下的变换器系统可靠性进行评估。由于变换器系统中任一器件的失效都会带来系统的故障，因此在此采用串联 RBD 模型，模型所包含的器件有开关管、模块电容以及直流侧电容。

开关管与电容的可靠性可由二参数 Weibull 分布表示：

$$R(t) = e^{-\left(\frac{t}{\eta}\right)^{\beta}} \tag{5.11}$$

式中，对于功率开关器件，β 通常取 2.5，电容的 β 值通常取 5。

将前述开关管与电容在稳态情况下得到的寿命看作是在理想情况下的寿命，即 $R(t)=0.9$ 时器件寿命，视为器件的 B10 寿命。根据 B10 寿命带入 Weibull 分布可得到 η 值，再基于此 η 值，可推导得出器件的可靠性 Weibull 分布。设 $R_T(t)$、$R_{Cdc}(t)$、$R_{Ca}(t)$、$R_{Cb}(t)$ 为开关管、直流侧电容、直流侧解耦模块电容、交流侧解耦模块电容的可靠性 Weibull 分布。

在直流侧采用无源功率解耦方法时变换器系统 RBD 模型为

$$R_1(t) = R_1(t)R_2(t)R_3(t)R_4(t)R(t) \tag{5.12}$$

功率解耦模块在 H 桥逆变器直流侧时变换器系统可靠性 RBD 模型为

$$R_2(t) = R_{T1}(t)R_{T2}(t)R_{T3}(t)R_{T4}(t)R_{T5}(t)R_{T6}(t)R_{Cdc}(t)R_{C1}(t)R_{C2}(t) \tag{5.13}$$

功率解耦模块在 H 桥逆变器交流侧时变换器系统可靠性 RBD 模型为

$$R_3(t) = R_{T1}(t)R_{T2}(t)R_{T3}(t)R_{T4}(t)R_{T5}(t)R_{T6}(t)R_{Cdc}(t)R_{C1}(t)R_{C2}(t) \tag{5.14}$$

验证以上分析，本书基于 PLECS 建立了分别在直流侧和交流侧加功率解耦模块的 H 桥逆变器仿真平台。电路参数如表 5.3 所示。选用 Infineon 公司的 IGBT FS50R06W1E3_B11，Vishay 公司的电解电容 059PLL-SI，以及薄膜电容 MKP1848 进行仿真。图 5.25 为功率解耦模块分别在直流侧和交流侧时输入电流的 FFT 分析。可以看出，当模块在直流侧时，纹波电流均方根值减小了 94.9%（3.465A 降至 0.177A）；当模块在交流侧时，纹波电流均方根值减小了 89.1%（3.465A 降至 0.377A）。H 桥及模块中 IGBT 结温仿真结果如图 5.26 所示。模块在直流侧时，由于模块中 IGBT 损耗大于 H 桥中 IGBT 损耗，模块中 IGBT 由于更高的损耗，结温要高于 H 桥中 IGBT。而模块在交流侧时，由于导致 T_1、T_2 损耗小于 T_3、T_4 及模块中的 IGBT，因此，T_1、T_2 结温也最低，而 T_3、T_4 最高。

表 5.3　电路仿真参数

参数	值
输入电压 V_{dc}	400V
输出电压有效值	220V
额定功率 P	2kW
基波频率 f	50Hz

参数	值
开关频率 f_{sw}	20kHz
滤波电感 L_{ac1}，L_{ac2}	1mH
滤波电容 C_{ac}	50uF
模块电感 L	1mH
模块电容直流侧 C_1、C_2	180uF
模块电容交流侧 C_1、C_2	220uF
环境温度 T_a	30℃
壳温 T_c	60℃

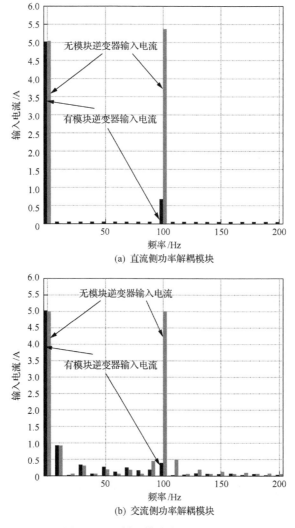

(a) 直流侧功率解耦模块

(b) 交流侧功率解耦模块

图 5.25　H 桥及模块中 IGBT 结温

通过以上分析，可以对 IGBT、电容以及系统的可靠性进行评估。各器件寿命如图 5.20 所示。从图中可以看出，模块在直流侧时，不会影响原本 H 桥 IGBT 的寿命。而模块在交流侧时，T_1、T_2 电流应力小于 T_3、T_4，因此，寿命较长。此外，两种功率解耦模块中，薄膜电容寿命均长于电解电容。如图 5.26 为三种系统的可靠性分布曲线，从图中可以看出，带功率解耦模块的系统可靠性高于带电解电容的系统。此外，交流侧带功率解耦模块的逆变器只在前大约 70 年可靠性高于直流侧带功率解耦模块的逆变器系统。而直流侧带功率解耦模块的系统 B10 寿命长于交流侧带功率解耦模块的系统。另外，图中所呈现的结果仅仅考虑了磨损老化引起的失效，其他缺乏设计强度引起的损耗不包含在内。

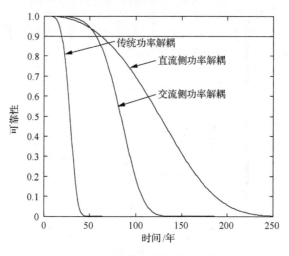

图 5.26　三种解耦方法的分析

5.4.2　基于任务剖面的系统可靠性评估

1. 元器件可靠性评估

在实际工况中，器件的工作温度受外界环境温度影响，因此需要考虑外界环境温度变化情况，进行可靠性评估，需要得到各环境温度下开关管的结温数据以及如何处理各温度下开关管的疲劳损耗。

通常开关管的结温可以通过式 (5.15) 获得

$$T_{\text{j}} = T_{\text{a}} + R_{\text{th(j-a)}} \cdot P_{\text{loss}} \tag{5.15}$$

式中，T_{j} 为开关管的结温；T_{a} 为环境温度；$R_{\text{th(j-a)}}$ 为开关管的热阻；P_{loss} 为开关管的损耗。

如图 5.27 所示为基于任务剖面可靠性评估流程。将全年环境温度的初始数据

代入式 (5.15)，得到对应的开关管结温剖面，然后利用雨流计数法，获得全年结温波动值和平均值。此方法简单，但对开关管损耗和热模型精确要求高，没有考虑环境温度对开关管损耗的影响，且结温波动值的周期尺度为分钟以上，与功率循环周期不符。故本书考虑环境温度对开关管损耗的影响，通过 PLECS 得到开关管在各环境温度下更精确的结温数据。

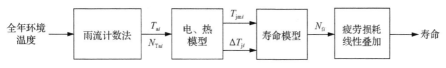

图 5.27　基于任务剖面可靠性评估流程

首先利用雨流计数法对全年温度进行数据处理，得到全年单位温度 T_{ai} 及其频次 N_{Tai}；对每个单位温度 T_{ai}，在 PLECS 中仿真得到对应环境温度下开关管的结温平均值 T_{jmi} 和结温波动值 ΔT_{jmi}，考虑开关管器件参数波动，带入 Bayerer 模型得到对应环境温度下 N_{fi}，最后基于线性疲劳损耗叠加原理，得到一年环境温度工况下器件的寿命耗损。

全年环境温度数据量庞大，雨流计数法是工程中常用来计算疲劳损耗的循环计数法，通过峰谷值检测、去除无效幅值点和数次循环，将庞大的初始数据进行数据压缩，计算各载荷区间所具有的频次、频率、累积频次和频率等统计量。如图 5.28 所示为丹麦一年的室外温度初始数据图，采集频率为 5min 一个点。

通过雨流计数法，将 110101 个初始温度数据进行压缩处理，得到温度在 $-18.1 \sim 32.5$℃范围波动的 11120 个数据并生成如图 5.29 所示的三维柱状图。

图 5.29 中横坐标分别为在环境温度 T_a 和温度波动 ΔT_a，纵坐标为对应温度在一年内出现的频次，由于开关管可靠性失效模型仅考虑键合线脱落，而环境波动温度的时间周期尺度(小时)远大于系统工作基频(毫秒)，仅需统计环境温度 T_{ai}，如图 5.30 为环境温度与其对应的循环数 N_{Tai}。

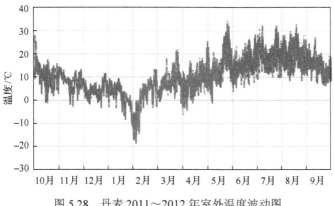

图 5.28　丹麦 2011～2012 年室外温度波动图

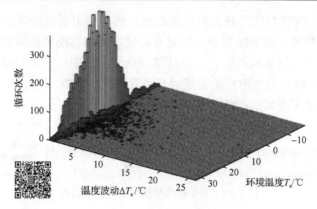

图 5.29　全年温度统计柱状图

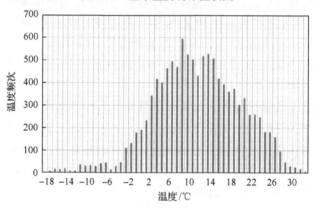

图 5.30　环境温度统计柱状图

通过雨流计数法对全年温度进行处理，温度从–18℃到最高温度 33℃，共 52 组 11120 个数据。如图 5.31 所示，在 PLECS 软件中，以逆变桥开关管为例，仿真结果得到对应温度下开关管的结温平均值 T_{jmi} 和峰-峰值 ΔT_{jmi}，并进行线性拟合。

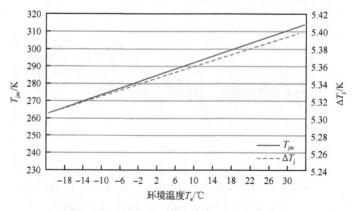

图 5.31　逆变桥开关管结温随环境温度变化图

　　从图中可以看出，开关管结温平均值和峰-峰值与环境温度是线性关系，同样的方法可以得到不同环境温度下三种解耦方式中电路各开关管的结温数据。参考上节中恒定温度，将对应温度下的不同开关管的结温信息和基于 MonteCarlo 方法得到的相关拟合系数波动值代入开关管 Bayerer 模型中，可以得到考虑参数波动的，不同环境温度下，各开关管的热循环周期数。由于数据量庞大，从 255.15K（–18℃）到 306.15K（33℃）之间每隔 10℃，共选择 6 个温度，列出不同解耦方式开关管对应的结温参数和热循环数如表 5.4 所示。

表 5.4　部分环境温度下开关管结温和热循环次数

环境温度 T_{ai}	开关管	T_{jmi}	ΔT_{jmi}	N_{fi}	备注
255.15K	$T_{1\sim4}$	262.855	5.306	1.851E+12	逆变桥
	T_5	270.888	10.814	6.237E+10	Buck 型解耦
	T_6	275.958	10.988	5.346E+10	Buck 型解耦
	T_5	262.998	4.865	2.880E+12	Boost 型解耦
	T_6	275.923	4.519	4.108E+12	Boost 型解耦
265.15K	$T_{1\sim4}$	272.887	5.324	1.526E+12	逆变桥
	T_5	280.914	10.832	5.232E+10	Buck 型解耦
	T_6	285.984	11.006	4.512E+10	Buck 型解耦
	T_5	273.023	4.880	2.378E+12	Boost 型解耦
	T_6	272.922	4.519	3.381E+12	Boost 型解耦
275.15K	$T_{1\sim4}$	282.912	5.342	1.274E+12	逆变桥
	T_5	290.924	10.842	4.456E+10	Buck 型解耦
	T_6	295.994	11.016	3.864E+10	Buck 型解耦
	T_5	283.026	4.881	2.041E+12	Boost 型解耦
	T_6	282.925	4.520	2.865E+12	Boost 型解耦
285.15K	$T_{1\sim4}$	292.937	5.361	1.075E+12	逆变桥
	T_5	300.934	10.852	3.835E+10	Buck 型解耦
	T_6	306.004	11.026	3.342E+10	Buck 型解耦
	T_5	293.03	4.882	1.726E+12	Boost 型解耦
	T_6	292.929	4.520	2.456E+12	Boost 型解耦
295.15K	$T_{1\sim4}$	302.962	5.380	9.159E+11	逆变桥
	T_5	310.944	10.862	3.331E+10	Buck 型解耦
	T_6	316.014	11.036	2.916E+10	Buck 型解耦
	T_5	303.034	4.884	1.493E+11	Boost 型解耦
	T_6	302.933	4.520	2.128E+12	Boost 型解耦

环境温度 T_{ai}	开关管	T_{jmi}	ΔT_{jmi}	N_{fi}	备注
	$T_{1\sim4}$	313.991	5.400	7.769E+11	逆变桥
	T_5	321.955	10.873	2.881E+10	Buck 型解耦
305.15K	T_6	327.025	11.047	2.533E+10	Buck 型解耦
	T_5	314.038	4.884	1.288E+12	Boost 型解耦
	T_6	313.937	4.521	1.834E+12	Boost 型解耦

当得到了所有环境温度对应下的热循环数后,结合各温度下工作时间(采样时间),通过线性疲劳损耗叠加,得到基于任务剖面的开关管累计消耗寿命:

$$\eta = \sum_i \frac{n_{Tai}}{N_{fi}} \tag{5.16}$$

式中,η 为全年任务剖面下的开关管累积消耗寿命百分比;n_{Tai} 为全年温度任务剖面;N_{fi} 为在对应环境温度下器件能工作的热循环周期数。

如表 5.5 所示,为全年不同解耦方式下各开关管寿命消耗。

表 5.5　基于任务剖面各开关管一年寿命损耗

开关管	全年累计寿命消耗
逆变桥 $T_{1\sim4}$	0.126%
Buck 型 T_5	6.543%
Buck 型 T_6	7.550%
Boost 型 T_5	0.159%
Boost 型 T_6	0.113%

结合表 5.5,基于任务剖面,考虑器件参数波动下,通过二参数 Weibull 分布曲线拟合可以得到三种解耦方式各开关管的 B10 寿命如图 5.32 所示。

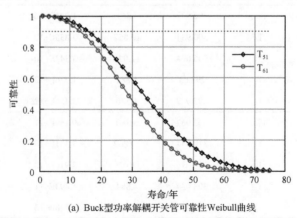

(a) Buck型功率解耦开关管可靠性Weibull曲线

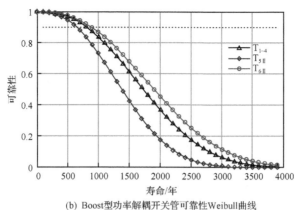

(b) Boost型功率解耦开关管可靠性Weibull曲线

图 5.32　基于任务剖面各开关管可靠性曲线图

2. 系统可靠性评估

图 5.33 为电力电子装置系统可靠性评估流程图，从器件可靠性到系统可靠性需要借助系统可靠性模型。

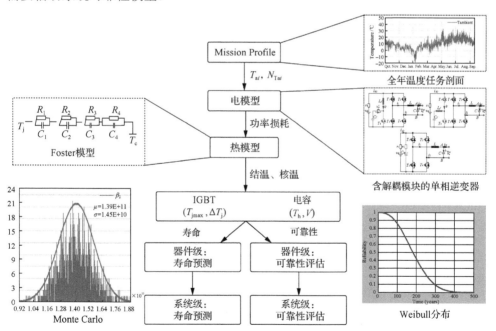

图 5.33　系统可靠性评估流程图

常用的系统可靠性评估模型包括故障树、马尔可夫模型和 RBD 三种。本书仅考虑器件的疲劳损耗和最典型失效模式，且器件在使用过程中无维修和替换，故在器件级可靠性评估的基础上，采用 RBD 模型对系统进行可靠性评估。RBD 模型又分为串联、并联和混联三种，本书拓扑不存在冗余，其中任何一个器件失效都导致系统无法正常工作，所以采用串联型 RBD 模型，串联单元包含器件为开关管、直流侧电容和解耦模块电容，三种不同解耦方法的系统可靠性计算公式依次为

采用传统功率解耦方法时单相逆变器系统可靠性 RBD 模型为

$$R_1(t) = R_{T1}(t)R_{T2}(t)R_{T3}(t)R_{T4}(t)R_{C_{dc}}(t) \tag{5.17}$$

含 Buck 型功率解耦模块单相逆变器系统可靠性 RBD 模型为

$$R_2(t) = R_{T1}(t)R_{T2}(t)R_{T3}(t)R_{T4}(t)R_{T5}(t)R_{T6}(t)R_C(t) \tag{5.18}$$

含 Boost 型功率解耦模块单相逆变器系统可靠性 RBD 模型为

$$R_3(t) = R_{T1}(t)R_{T2}(t)R_{T3}(t)R_{T4}(t)R_{T5}(t)R_{T6}(t)R_C(t) \tag{5.19}$$

为了画出系统可靠性 Weibull 分布，首先需要求出系统可靠性模型中各元件 Weibull 参数 η，当 $R=0.9$ 时代入 B_{10} 寿命，η 可以通过器件 Weibull 分布曲线获得。然后将各元件 Weibull 参数代入式(5.17)～式(5.19)中，可以得到三种解耦方式的系统可靠性 Weibull 曲线。

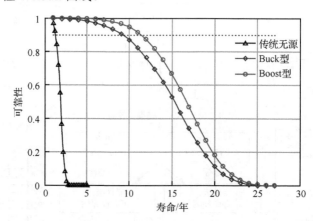

图 5.34　三种解耦方式单相逆变器系统可靠性 Weibull 曲线图

由图 5.34 中可以看出，传统无源解耦方式系统可靠性最低，其 B_{10} 寿命约为 2 年，添加有源功率解耦模块有效的改善了单相逆变器系统的可靠性，其中采用波形控制函数的 Buck 型功率解耦方式，系统的 B_{10} 寿命约为 7 年，基于所提出的闭环控制的 Boost 型功率解耦方式，系统的 B_{10} 寿命约为 12 年。

参 考 文 献

[1] U. S. Department of denfence. Military Handbook: Reliability Prediction of Electronic Equipment, Standard MIL-HDBK-217F[M]. Washington, 1991.

[2] Chatterjee K, Modarres M, Bernstein J B. Fifty years of physics of failure[J]. IEEE Annual Reliability and Maintainability Symposium, 2012, 20(1): 1-5.

[3] 李良巧. 可靠性工程师手册[M]. 北京: 中国人民大学出版社, 2012.

[4] Wang H, Liserre Marco, Blaabjerg Frede, et al. Transitioning to physics-of-failure as a reliability driver in power electronics[J]. IEEE Journal of Emerging and Selected Topics in Power Electronics, 2014, 2(1): 97-114.

[5] Yang S, Bryant A, Mawby P, et al. An industry-based survey of reliability in power electronic converters[J]. IEEE Transactions on Industry Applications, 2011, 47(3): 1441-1451.

[6] Wang H, Blaabjerg F. Reliability of capacitors for DC-link applications in power electronic converters-an overview[J]. IEEE Transactions on Industry Applications, 2014, 50(5): 3569-3578.

[7] Wang H, Reigosa P D, Blaabjerg F. A humidity-dependent lifetime derating factor for DC film capacitors[C]. Montreal: IEEE Energy Conversion Congress and Exposition. 2015: 3064-3068.

[8] Liu D, Sampson M J. Some aspects of the failure mechanisms in $BaTiO_3$—Based multilayer ceramic capacitors[J]. Proc. CARTS Int, 2012: 59-71.

[9] Wang H, Ma K, Blaabjerg F. Design for reliability of power electronic systems[J]. 38th Annual Conference on IEEE Industrial Electronics Society, 2012: 33-44.

[10] 陈明, 胡安, 刘宾礼. 绝缘栅双极型晶体管失效机理与寿命预测模型分析[J]. 西安交通大学学报, 2011, 45(10): 65-71.

[11] Fratelli L, Giannini G, Cascone B. Reliability Test of power IGBTs for railway traction[J]. European Conference on Power Electronics and Applications, 1999.

后 记

　　所谓有源化技术，是指经专门设计的模块化电路结构，对外表现出与无源元件类似的电学属性，可以在特定场合部分取代无源元件，改善电能变换装备的性能。本质上，有源化技术是二端口网络理论的延伸，只要二端口的阻抗特性合乎要求即可，至于阻抗特性的呈现是源自材料加工抑或电学设计，并不是关注的重点。而且，有源化技术展现出一种更加灵活的端口阻抗模仿能力，具有阻抗自适应在线可调的明显优势。无源元件一直是电路设计的基本单元，如今，有源模块将为复杂装备的构建提供新的积木。有理由相信，有源模块必将在更大范围内取代无源元件，有源化也将逐步发展成独立的技术分支。

　　有源化近乎七十二变的模仿能力并非无懈可击。在稳态工作区间，模仿无源元件的阻抗特性是容易的；在上电或断电的瞬间，有源模块并不处于可控状态，对外表现出何种阻抗，更依赖其中包含的无源元件属性。未来的有源化技术，需要兼顾稳态和瞬态性能，复杂不一定都好，简单往往更可靠。

　　删繁就简，方能领异标新。